国家职业技能等级认定培训教材

高技能人才培养用书

中式面点师

（技师、高级技师）

国家职业技能等级认定培训教材编审委员会　组编

薛党辰　主　编

吴登军　吴　雷　吴　斌　副主编

陆文楚　钱金圣　鞠新美　陈旭东　王新宇　参　编

机械工业出版社
CHINA MACHINE PRESS

本书依据《国家职业技能标准中式面点师（2018 年版）》的要求，按照标准、教材、试题相衔接的原则编写，介绍了中式面点师技师、高级技师应掌握的技能和相关知识，涉及风味面点制作、菜单设计与创新、面点装盘与装饰、厨房生产管理、培训与指导、菜点生产、展台设计、厨房管理等内容，并配有模拟试卷及答案。

本书理论知识与技能训练相结合，适用于职业技能等级认定培训、中短期职业技能培训，也可供中高职、技工院校相关专业师生参考。

图书在版编目（CIP）数据

中式面点师：技师、高级技师 / 国家职业技能等级认定培训教材编审委员会组编；薛党辰主编. —北京：机械工业出版社，2023.12

高技能人才培养用书 国家职业技能等级认定培训教材

ISBN 978-7-111-74717-8

Ⅰ. ①中… Ⅱ. ①国… ②薛… Ⅲ. ①面食-制作-中国-职业技能-鉴定-教材 Ⅳ. ①TS972.116

中国国家版本馆CIP数据核字（2024）第005974号

机械工业出版社（北京市百万庄大街22号 邮政编码100037）

策划编辑：卢志林 范琳娜 责任编辑：卢志林 范琳娜

责任校对：郑 婕 牟丽英 责任印制：任维东

北京中兴印刷有限公司印刷

2024年2月第1版第1次印刷

184mm × 260mm · 12.5印张 · 261千字

标准书号：ISBN 978-7-111-74717-8

定价：49.80元

电话服务 网络服务

客服电话：010-88361066 机 工 官 网：www.cmpbook.com

010-88379833 机 工 官 博：weibo.com/cmp1952

010-68326294 金 书 网：www.golden-book.com

机工教育服务网：www.cmpedu.com

国家职业技能等级认定培训教材

编审委员会

序

新中国成立以来，技术工人队伍建设一直得到了党和政府的高度重视。20世纪五六十年代，我们借鉴苏联经验建立了技能人才的“八级工”制，培养了一大批身怀绝技的“大师”与“大工匠”。“八级工”不仅待遇高，而且深受社会尊重，成为那个时代的骄傲，吸引与带动了一批批青年技能人才锲而不舍地钻研技术、攀登高峰。

进入新时期，高技能人才发展上升为兴企强国的国家战略。从2003年全国第一次人才工作会议，明确提出高技能人才是国家人才队伍的重要组成部分，到2010年颁布实施《国家中长期人才发展规划纲要（2010—2020年）》，加快高技能人才队伍建设与发展成为举国的意志与战略之一。

习近平总书记强调，劳动者素质对一个国家、一个民族发展至关重要。技术工人队伍是支撑中国制造、中国创造的重要基础，对推动经济高质量发展具有重要作用。党的十八大以来，党中央、国务院健全技能人才培养、使用、评价、激励制度，大力发展技工教育，大规模开展职业技能培训，加快培养大批高素质劳动者和技术技能人才，使更多社会需要的技能人才、大国工匠不断涌现，推动形成了广大劳动者学习技能、报效国家的浓厚氛围。

2019年国务院办公厅印发了《职业技能提升行动方案（2019—2021年）》，目标任务是2019年至2021年，持续开展职业技能提升行动，提高培训针对性实效性，全面提升劳动者职业技能水平和就业创业能力。三年共开展各类补贴性职业技能培训5000万人次以上，其中2019年培训1500万人次以上；经过努力，到2021年底技能劳动者占就业人员总量的比例达到25%以上，高技能人才占技能劳动者的比例达到30%以上。

目前，我国技术工人（技能劳动者）已超过2亿人，其中高技能人才超过5000万人，在全面建成小康社会、新兴战略产业不断发展的今天，建设高技能人才队伍的任务十分重要。

机械工业出版社一直致力于技能人才培训用书的出版，先后出版了一系列具有行业影响力，深受企业、读者欢迎的教材。欣闻配合新的《国家职业技能标准》又编写了“国家职业技能等级认定培训教材”。这套教材由全国各地技能培训和考评专家编写，具有权威性和代表性；将理论与技能有机结合，并紧紧围绕《国家职业技能标准》的知识要求和技能训练编写，实用性、针对性强，既有必备的理论知识和技能知识，又有考核鉴定的理论和技能题库及答案；而且这套教材根据需要为部分教材配备了二维码，扫描书中的二维码便可观看相应资源；这套教材还配合机工教育、天工讲堂开设了在线课程、在线题库，配套齐全，编排科学，便于培训和检测。

这套教材的出版非常及时，为培养技能型人才做了一件大好事，我相信这套教材一定会为我国培养更多更好的高素质技术技能型人才做出贡献!

中华全国总工会副主席

高凤林

前言

中式面点是烹饪的重要组成部分，以历史悠久、制作精细、品种丰富、风味多样著称。随着就餐形式的改变、原料种类的增多、机械设备的运用、面点技术的提高，现在的中式面点种类更繁多，味道更丰富。

中式面点师是运用中国传统的或现代的成型技术和成熟方法，对面点的主料和辅料进行加工，制成具有中国风味的面食、点心或小吃的人员。中式面点师证书有初级、中级、高级、技师和高级技师五个级别。本教材用于中式面点技师和高级技师的培训，涉及的内容比较全面。主要介绍中式面点技师需掌握的风味面点制作、菜单设计与创新、面点装盘与装饰、厨房生产管理、培训与指导，以及中式面点高级技师需掌握的菜点生产、展台设计、厨房管理等方面的内容。

本教材严格按照《国家职业技能标准中式面点师（2018年版）》的要求编写，以职业活动为导向，职业技能为核心，对中式面点从业者的理论知识和技能水平的要求进行了详细的论述，能帮助学员正确掌握中式面点技师、高级技师应该掌握的理论知识，开阔视野，指导其在工作实践中发挥应有的作用。

本书在编写过程中得到扬州大学旅游烹饪学院、江苏旅游职业学院的领导和同仁的鼓励与帮助，还得到了国家职业技能等级认定培训教材编审委员会的大力支持与协助，在此一并表示衷心的感谢！

图书的编写是一项探索性工作，书中不妥和错误之处在所难免，望使用本书的同仁、读者提出宝贵意见和建议，以便修订时补充、更正。

编　者

目录

项目 2 菜单设计与创新

项目 3 面点装盘与装饰

第二部分　中式面点师（高级技师）

项目 6 菜点生产

项目 7 展台设计

项目 8 厨房管理

第一部分

中式面点师

（技师）

项目 1

风味面点制作

- 风味面点制作
  - 原料选择与利用
    - 烹饪原料学知识
    - 面点工艺学知识
    - 烹饪营养学知识
  - 面点制作
    - 淮扬风味面点
    - 闽粤风味面点
    - 京鲁风味面点
    - 川湘风味面点
    - 技能训练1　淮扬风味面点——翡翠烧卖
    - 技能训练2　淮扬风味面点——三丁大包
    - 技能训练3　闽粤风味面点——老婆饼
    - 技能训练4　闽粤风味面点——掰酥鸡粒角
    - 技能训练5　京鲁风味面点——宝鸡豆腐包子
    - 技能训练6　京鲁风味面点——褡裢火烧
    - 技能训练7　川湘风味面点——龙抄手
    - 技能训练8　川湘风味面点——担担面

1.1 原料选择与利用

我国幅员辽阔，特产丰富，可以用作面点制作的原料非常广泛，这是中国面点品种多样性的物质条件。几乎所有的五谷杂粮和大部分可供食用的动物、植物等都可以用来制作面点。同一种原料采用不同的加工方法或同一种加工方法采用不同的原料，都可制成各种色、香、味、形的面点品种。随着人民生活水平的提高，对饮食质量要求也越来越高，要保证面点质量，首先必须保证原辅材料的质量，这是做出优质面点的物质前提。面点的多样性及面点所具有的质地组织松软、爽滑、软糯、酥松、细腻、鲜香等风味特色，与原料的选用有着密切的关系。

1.1.1 烹饪原料学知识

制作面点必须选择合适的原料，才能制作出符合制品要求的面点。作为中式面点技师，在选择原料前，首先要熟悉常用的制作面点的原料，对其特性有所了解，才能够正确选择原料。

1. 坯皮原料

常用的坯皮原料有面粉、米及米粉、杂粮（粟米、荞麦、莜麦、玉米等）。

（1）面粉 面粉是面点坯皮最主要的原料，所含蛋白质主要是麦胶蛋白和麦麸蛋白，它们组成面粉中的面筋，这是小麦面粉特有的。由于麦胶蛋白和麦麸蛋白不溶于水，遇水后膨胀为富有黏性和弹性的面筋质，从而使面团具有弹性和柔韧性。

1）面粉的种类。小麦经磨制加工成的粉末状原料称小麦粉。小麦由于品种繁多，栽培各异，产地有别，性质不一，因此所磨制的粉末质量也就不同。其吸水率、粗细度、色泽、面筋的含量和质量等都不尽相同。

按照小麦加工精度的指标，我国将面粉分为特制粉、标准粉和普通粉三个等级。

①特制粉。特制粉又称富强粉、上白面粉、精粉，是加工精度较高的面粉，色泽白，含麸量少，灰分含量不超过0.75%，面筋质（湿重）含量不低于26%，水分含量不超过14.5%。筋力很足，粉质干燥。适宜制作面包、饺子、面条及需要筋力且皮薄的面点小吃。

②标准粉。其含麸量多于特制粉，色稍带黄，灰分含量不超过1.25%，面筋质（湿重）含量不低于24%，水分含量不超过14%。色泽洁白，筋力较低，粉质细润，成品疏松有光泽。适

宜制作包子及需要无筋力、起酥起松的面点。

③普通粉。其含麸量多于标准粉，色泽较黄，灰分含量不超过1.25%，面筋质（湿重）含量不低于22%，水分含量不超过12.5%，色泽较次，筋力适中，粉质粗糙，适宜制作一般大众面点。

面粉中面筋质的含量是面粉的重要指标。按面筋质含量高低，又将面粉分为高筋粉、中筋粉、低筋粉。面粉中蛋白质含量在13%以上的为高筋粉，蛋白质含量在10%~13%的为中筋粉，低于10%的为低筋粉。高筋粉又称硬质粉，以硬质小麦加工而成，性质坚韧，制成的面团富有韧性，适用于制作皮薄劲大的面点制品。中筋粉又称中质粉、中力粉，由普通小麦加工而成，筋力适中，适用于多种面点制品。低筋粉又称软质粉、薄力粉，主要以软质小麦加工而成，筋力较小，适用于制作无劲的面点制品。

2）面粉的质量鉴定和保存。面粉含水量为12%~14%。抓一把面粉撒在台上，均匀地布满台面，说明含水量正常；若较黏滞、散不开，说明含水量超过14%。面粉的质量应以无杂物，无异物、泥沙等，颜色以色白为佳；面筋质含量一般为24%~26%。面筋质量以弹性好、延伸性强为佳。面粉要放在通风处保存，环境要干净整洁，理想的储存温度是18~24℃。

（2）米及米粉

1）米的种类。米有糯米、粳米、籼米三种。

①糯米。糯米又称江米、元米、茶米等。稻类中籼稻、粳稻两个品种都有糯稻，故糯米又有籼糯米和粳糯米两种。籼糯米粒形瘦长，与籼米相似；粳糯米粒形短圆，与粳米相似。糯米干燥到一定程度后，胚乳细胞会产生微小气泡，使胚乳变成不透明的乳白色。此过程称为糯变，这是与籼米、粳米的区别。糯米几乎不含直链淀粉，只含支链淀粉，最易热变性而糊化，煮熟后黏性很强，光泽明亮，口感油润滑腻，但吸水率低，胀性小，亩产量较低。一般不用来做米饭和主食，常用于制作糕点、小吃等，如粽子、年糕、元宵、烧卖等。另外还是制作酒酿的原料。民间常用作滋补食品原料，如糯米红枣粥。

②粳米。粳米又称大米。米质黏性较强，但低于糯米，胀性大于糯米。我国太湖地区与淮河流域是粳米主要产地。粳米丰满形短圆，色泽蜡白，半透明。粳米主要用于制作米饭。

③籼米。籼米又称机米、小米，硬度中等，黏性小而胀性大。

2）米粉的种类。米粉是大米经加工磨碎而成的粉末状原料，是制作糕团、小吃的主要原料。

因所用大米的粒形及品种的不同，所磨成的米粉主要分为籼米粉、粳米粉、糯米粉三类。三种粉的性质各异，根据不同面点品种的需要，一般可以单独使用，或掺和使用。两种及两种以上不同米粉按一定比例掺和后的粉叫镶粉。

根据磨制方法的不同，米粉又可分为三类：

①干磨粉。干磨粉即用干燥的大米磨成的粉。用生米直接磨成的粉称为干磨米粉；将米

炒熟后磨成的粉称为熟米粉或糕粉。一般生的米粉多用来制作坯皮，熟的米粉多用来制作馅心。干磨粉的特点是粉质干燥，吸水性强，易于保存，使用方便，但粉质较粗糙，成品口感不够细腻，色泽较次。

②湿磨粉。大米用冷水浸泡后捞出晾干，再磨成的粉称为湿磨粉。其特点是粉质较细，口感较软滑，但不易保存，需晾干后才能保存。

③水磨粉。大米用冷水浸泡透，泡至米粒能用手捻碎，连水带米一起磨成粉浆，然后装入布袋中沥干水分即为水磨粉。水磨粉目前一般有现磨现用挤干水分的块状粉；也有经加工脱水烘干的袋装粉。水磨粉的特点是粉质细腻，吃口软滑，色泽洁白，是几种米粉中质量最好的一种。

米粉广泛用于糕团。其中籼米粉一般以制糕、制粉条、粉卷为多，质地松软爽滑。粳米粉一般制糕或与糯米粉掺和使用。糯米粉是面点制作使用较广泛的米粉之一，可制作各种元宵、汤团、糕团及象形面点等。糯米粉还可与其他杂粮粉或植物性原料掺和使用，使制品质地软糯、细腻。

3）大米的质量鉴定和保存。新鲜大米滋味适口，有光泽，杂质极少，粒形均匀整齐。米粒内乳白色的不透明部分叫腹白，有腹白的米硬度低，品质差，蛋白质含量少。米以腹白少的为佳。大米装袋要隔地离墙堆放，防潮湿、防鼠、防虫，不可存放过久。按照先进先用的原则。

（3）杂粮

1）粟米。粟又称谷子，去皮后称小米、黄米。小米一般分为糯性小米和粳性小米两类。通常红色、灰色者为糯性小米；白色、黄色、橘色、褐色、青色者为粳性小米。一般浅色谷粒皮薄，出米率高，米质好。小米可以熬粥、蒸饭或磨粉制饼，也可与豆类或其他粮豆类混合使用。

2）荞麦。荞麦是杂粮之一，颗粒较细小，和其他谷类相比，具有容易煮熟、容易消化、容易加工的特点。荞麦含有丰富的膳食纤维，其含量是一般精制大米的10倍；荞麦含有的铁、锰、锌等微量元素也比一般谷物丰富。荞麦粒磨粉可作面条、面片、饼和糕点等。山西有荞麦碗托，河北有荞面坨子，台湾有荞面小吃，东北民间有荞麦饺子、荞面条，朝鲜族的冷面制作中也掺入一定量的荞面，西北一带著名食品饸饹面即为荞麦所制。荞麦口感较粗糙，烹调时宜加些大米，能让口感变得滑软一些。另外，荞麦一次不可食用太多，否则易造成消化不良。

3）莜麦。莜麦又称燕麦、油麦等。莜面的营养价值很高，富含蛋白质（15%）和脂肪（8.5%），且蛋白质中主要氨基酸含量多而全面。莜麦中还含有其他禾谷类作物中缺乏的皂苷，能有效降低胆固醇。但粗加工的莜面制品除了气味大外，也有不容易消化的缺点。莜麦可以制麦片，磨粉后可制多种面点，如栲栳栳、捏鱼鱼、卷囤囤、猫耳朵等。莜麦加工须经过“三熟”：磨粉前要炒熟，和面时要烫熟；制坯后要煮熟，否则不易消化，引起腹痛或腹泻。

4）玉米。玉米又称玉蜀黍、苞米、珍珠米、棒子等。玉米一般有黄、白两种。白色的黏性较好。用玉米制作面点时，须将玉米磨成粉使用。玉米粉韧性差，松而发硬，受潮后也不易变软。因此制作面点时，一般须烫熟后方可使用，以增强黏性。玉米中的维生素含量非常高，是稻米、小麦的5~10倍，在所有主食中，玉米的营养价值和保健作用是最高的。玉米中含有的核黄素等高营养物质，对人体十分有益。玉米粉可以单独制作面食，如窝头、玉米饼等，也可与面粉、米粉掺和后制作各色面点，如玉米蛋糕、玉米馒头、玉米煎饼等。

5）黑米。黑米又称紫米、墨米、血米等。米粒一般外皮黑色，糊粉层紫褐色、紫墨色或黑色，胚乳白色。有些黑米具有香气。黑米是一种药食兼用的大米，属于糯米类。我国黑米品种约达300种，名产主要有江苏的常熟鸭血糯、建湖和武进香血糯、宜兴紫香糯；陕西洋县黑米；广西东立墨米；贵州惠水黑米糯；云南黑江紫米等。民间素来珍视黑米，誉为“黑珍珠”，又因旧时列为贡品而称为贡米、珍珠米。

6）薯芋。用于制作面点的薯芋有马铃薯、甘薯、山药等。

①马铃薯。马铃薯又称土豆、洋山芋、山药蛋等。富含淀粉，可去皮煮熟捣成泥掺入其他粮食粉料制作面点，亦可单独制成煎炸类各色面点。

②甘薯。甘薯又称番薯、山芋、红薯、地瓜、红苕等。甘薯是食品工业的主要原材料，如制淀粉、饴糖、酿酒、酿醋等。甘薯质软而味香甜，经烘烤后香味特浓，含淀粉多，糖分大。用甘薯制作面点，一般是将其煮熟，捣成泥，与其他粮食粉料掺和后制作各类面点。

③山药。其肉色白，有黏液，又称玉延，形状有扁块形、长柱形、掌状等。可单独食用，用山药制面点一般是将其煮熟去皮，制成泥与其他粮食粉料掺和后使用，如山药饼、炒山药泥等。

7）豆类。用于制作面点的豆类有绿豆、赤豆、黄豆、豌豆、扁豆、蚕豆等。

①绿豆。绿豆又称青小豆、吉豆，因其皮绿色而得名。我国大部分地区都有生产。比较著名的有安徽的明光绿豆，河北的宣化绿豆，山东的龙江绿豆等。绿豆最适宜制作绿豆淀粉，用于烹调的勾芡。工业上用于制作粉丝。绿豆煮熟制成泥是制作绿豆糕的主要原料，在有些地区清明节和端午节都有食绿豆糕的习俗。

②赤豆。赤豆又称红豆、红小豆等。赤豆泡涨后，煮烂去皮取沙即可加工制成赤豆泥、赤豆冻、赤豆糕。赤豆是面点中甜馅的主要原料，赤豆泥与其他粮食粉料掺和后使用，可制作其他各式面点。

③黄豆。黄豆又称大豆，具有很高的营养价值。黄豆粉黏性差，与其他粮食粉料掺和后使用可制作许多面点制品。还能改善制品的口味，如用玉米面或小米面做丝糕时，可以掺入黄豆粉。

④豌豆、扁豆、蚕豆煮熟后都具有软糯、口味清香等特点。这些豆都可以煮熟捣成泥作为馅心使用，其次是与其他粮食粉料掺和后，制作各色面点和小吃，如扁豆糕、豌豆糕、蚕豆糕等。

2. 制馅原料

制馅原料是调制面点馅心所用的原料。一般来说，凡可烹制菜肴的原料，均可作为馅心原料。馅心多种多样，有荤有素，有咸有甜，有生有熟，还有荤素搭配等。因此馅心所用的原料亦多种多样，在选择馅心原料时，必须根据原料的特点和品种的要求合理选择。

（1）动物性原料

1）禽畜肉营养成分。禽畜肉的营养主要包括脂肪、蛋白质、矿物质、维生素和水分等。肉的营养成分随动物的脂肪和瘦肉的相对比例而改变，肥度越大，蛋白质和其他成分相应减少。随着人民生活水平的提高，动物脂肪不为人们喜欢。但动物脂肪的香气是植物脂肪不可代替的。动物脂肪在常温下呈固体，所以制作油酥面点时往往离不开动物脂肪。

2）禽畜肉种类。

①猪肉。猪肉是制馅最主要的原料。猪的品种不同，猪肉的品质亦不同。按商品用途，猪可分为瘦肉型、脂肪型、肉脂兼用型三种。猪肉一般呈淡红色，因年龄、部位、品种的不同，色泽有深浅之别。猪的脂肪色白或粉红，带有油脂香气。选用猪肉时，需区别病猪肉、死猪肉、注水猪肉等。一般健康猪肉，色泽鲜艳，切面有光泽，无血渗，质地软嫩，有弹性，骨髓多白色。病猪肉放血不彻底，肉色暗红，切面有血渗现象，脂肪呈玫瑰红色，骨髓灰黑色。死猪肉的感观更差。猪肉需经当地卫生检疫后才可上市供应，采购时，一定要注意，未经卫生检疫部门检疫的猪肉一律不许采购使用。猪肉作馅料可制成鲜肉包、鲜肉饺、鲜肉烧卖、菜肉馄饨、肉馄饨、浇头面、肉馅元宵、春卷、粽子等。猪肉的加工品，如火腿、腌肉、腊肉、香肠、香肚、肉脯、肉松等，也是面点馅心的原料。

②牛肉。牛肉是面点馅料的原料。牛有黄牛与水牛之分。黄牛主要分布于淮河流域及以北地区，著名品种有秦川牛、南阳牛、鲁西黄牛、延边黄牛、晋南牛等。黄牛一般体格高大结实，肉质纤维较细、组织较紧密，色深红，肌间脂肪分布均匀。水牛主要分布于长江流域及以南水稻产区。水牛躯体粗壮、肌肉发达，但肉质纤维粗糙，组织不紧密，色暗红，脂肪含量少，风味不如黄牛肉。牛肉作为馅料，可用于包子、饺子、馅饼等。牛肉的加工品，有牛肉松、牛肉脯等。

③羊肉。羊肉是面点制馅原料。羊有绵羊、山羊之分。绵羊分布于西北、华北地区。绵羊平均体重40~50千克，臀部肌肉丰满，尾部略呈圆形且储有大量脂肪，肉质坚实，颜色暗红，肉纤维细而软，肌肉中较少夹杂脂肪。公绵羊多有螺旋状大角，且无膻气。山羊主要分布于华北、东北、西南地区，体型比绵羊小，平均体重为25千克左右，肉呈淡淡的暗红色，

皮质厚，皮下脂肪稀少，腹部脂肪较多。公山羊肉有膻味，但瘦肉较多。羊肉作为馅料，可用于包子、饺子、馅饼等。

④鸡肉。鸡肉是面点制馅原料。商品鸡按用途可分为肉用、蛋用、肉蛋兼用等类。肉用鸡品种有山东九斤黄、江苏狼山鸡、广东惠阳鸡等。蛋用鸡品种有来航鸡、仙居鸡等。肉蛋兼用鸡有上海浦东鸡、辽宁大骨鸡、山东寿光鸡、河南固始鸡、浙江萧山鸡及湖南桃源鸡等。鸡肉一般熟后制馅，如扬州三丁包的馅料即以熟鸡肉制成。鸡肉作为馅料，可用于包子、饺子、馄饨、烧卖等面点。

（2）水产品原料 凡新鲜的水产品，如鱼、虾、蟹、贝等都可用于馅料。

1）鱼。面点制馅选用的鱼以体大、肉厚、刺少为佳，如鲤鱼、鳜鱼、白鱼、鳝鱼、鲅鱼、大马哈鱼等。一般将鱼肉制成鱼蓉，经调味后，作为馅使用，营养丰富，味道鲜美。

2）虾仁。一般取自对虾、青虾、草虾、龙虾等。虾仁鲜嫩，制馅宜选用新鲜的虾仁。虾仁极易腐败变质，变质后的虾仁色泽发红或发暗，没有弹性。另外，虾子、虾米也是面点制馅常用原料。

3）蟹肉。蟹肉味道鲜美无比，一般高档原料，还会借助蟹肉佐味，如蟹粉鱼翅、蟹粉鱼肚、蟹粉狮子头等。蟹肉更是面点制馅增味的主要原料。蟹肉在一些地区称蟹粉。螃蟹有海蟹和河蟹之别。海蟹盛产于每年4~10月，河蟹盛产于8~11月。用蟹肉调馅制作的面点有：蟹粉炒面、蟹黄汤包、蟹黄蒸饺等。

（3）植物性原料 植物性原料较常见，且加工简单，可制馅的植物性原料分类如下。

1）蔬菜类制馅原料。

①叶茎类蔬菜。常见的有大白菜、小白菜、乌塌菜、雪里蕻、香菜、莴苣、芹菜、菠菜、圆白菜等。

②根茎类蔬菜。常见的有萝卜、胡萝卜、竹笋、百合、芦笋、甘薯、土豆、芋头、山药、生姜等。

③瓜类蔬菜。常见的有冬瓜、黄瓜、苦瓜、南瓜、瓠瓜等。

④豆类蔬菜。常见的有蚕豆、扁豆、四季豆、豌豆、豇豆等。

⑤茄果类蔬菜。常见的有茄子、辣椒、玉米笋等。

⑥葱韭类蔬菜。常见的有大葱、洋葱、蒜、韭菜等。

⑦菌藻地衣类蔬菜。常见的有香菇、草菇、蘑菇、平菇、松蕈、猴头菇、寒菌、鸡枞、口蘑、干巴菌、虎掌菌、牛肝菌、羊肚菌、银耳、黑木耳、海带等。

⑧野生蔬菜。常见的有香椿、马齿苋、荠菜、马兰头、蒌蒿等。

2）果品类制馅原料。常见的有龙眼、核桃、莲子、白果、枣、松子、花生等。

3）蔬果制品类制馅原料。常见的有榨菜、冬菜、梅干菜、金针菜、玉兰片等。

面点制作还有一些其他品种调味料、辅助原料等。

1.1.2 面点工艺学知识

面团调制是面点制作的核心。所谓面团，即各种粮食粉料（包括面粉、米粉和其他杂粮粉）掺入适当的水、油、蛋和辅料后加以调制，使粉粒相互粘连，成为一个整体的团块。面团有软硬、稀稠、黏糯、劲爽、酥松等质地之别。

1. 面粉面团

面粉之所以互相黏结成团，成为制作各种不同面点制品所需要的不同质地的面团，是由于内、外两方面原因。内因是各种粮食粉料中含有成团的淀粉、蛋白质等成分，这些具备与水、油、蛋等辅料结合在一起的条件。外因是调制，各种粉料和辅料放在一起或简单掺和，不加调制，是不会成团的。只有在掺和后，又经过适当调制方法处理，内因与外因结合，才可能成为面团。相同的粉料和辅料，采取不同方法调制，其面团的性质是不同的。如用鸡蛋与面粉调制面团，一种方法是把鸡蛋调散成蛋液，掺入面粉调制面团，所制成的成品是不膨松的；另一种方法是把鸡蛋抽打成泡，调制面团，所制成的成品，是膨松多孔的。此外，各种粉料所含的淀粉、蛋白质的差异，各种辅料性质的不同，也都影响面团的粘连和结合。只有采取相应的调制方法，才能得到面点制品所需要的各类面团。

（1）水调面团 水调面团指用面粉掺水（有些需加入少量辅料如食盐、食碱等），经过搓揉调制的面团。水调面团的特点：组织严密，质地坚实，内无蜂窝孔洞，体积不膨胀，故又称为“死面”“呆面”。水调面团富有筋性、韧性、可塑性、延伸性。熟制后成品爽滑筋道，有嚼劲，有弹性而不疏松。水调面团是面点制作工艺中最基本的面团，其使用较为普遍。根据调制水调面团时的水温不同，水调面团一般分为冷水面团、温水面团和热水面团三种，三种面团的性质各异。

1）水调面团的调制原理和性质。面粉中的淀粉、蛋白质都具有亲水性，但这种亲水性随着水温的变化而变化，即糊化和变性，从而形成不同水温面团的性质。

①冷水面团。0~30℃不能引起蛋白质热变性和淀粉膨胀糊化，能形成致密的面筋网络，具有质地硬实、筋力足、韧性强、拉力大的特点；成品色白，吃口爽滑，有韧性强的感觉。一般用来制作面条、水饺皮、馄饨皮等。

②温水面团。50℃左右蛋白质接近变性，又没有完全变性，能形成面筋网络，又受到一定限制；保持一定的筋力，柔中有劲，有可塑性，成品口感适宜。一般用于制作花式蒸饺面皮。

③热水面团。80~100℃热水使蛋白质热变性，面筋胶体被破坏，淀粉膨胀糊化后黏性增强，具有柔软、黏糯、韧性差的特点，口感细腻，略带甜味，适合制作烧卖皮、熟馅制品。

2）水调面团的掺水量。水调面团掺水量和两方面相关，一是面粉中的水分含量；二是面点制品对面团软硬的要求。刀削面团、水饺面团、春卷面团、抻面面团等由于其特点对掺水量有不同要求。掺水量少，面团调得硬；掺水量多，面团调得软；掺水要分步进行，不能一次加入。若一次加入，很难掌握面团的软硬程度。手工调制面团分三步进行：第一步，加50%水调成雪花面；第二步，加30%水调制成葡萄面；第三步，加20%水调制成团。这样调出的面团，不夹生粉且易成团，若机械调制面团，也应考虑分步进行。

3）水调面团调制注意事项。

①要根据面粉的精度、含水量，空气的干湿，确定掺水量。

②应按制品的要求、气温的高低，确定适当的水温。如在冬天调制冷水面团时，水温需调至30℃左右。

③掌握掺水方法，按不同的面团要求操作。如冷水面团应分几次掺水，而热水面团应一次掺水完毕。

④使劲反复揉搓。揉到面团十分光滑、不粘手为止。

⑤面团揉好后须静置醒面，以使粉粒充分浸润、面团滋润、光滑。

（2）膨松面团 在调制面团过程中，加入酵母或化学膨松剂或通过机械力搅打，使面团起“生化”“化学”“物理”等变化，成品通过加热成熟，使面团组织产生空洞，变得膨大疏松。

1）酵母膨松法。

①酵母菌是一种单细胞微生物，种类很多，用于调制发面的酵母菌属于啤酒酵母菌的一种。这种酵母菌的特点是菌体繁殖较快，发酵性能稳定可靠，生成酒精酵素的作用较低，对盐类的抑制作用较少，很适合发酵面团，制作面包、馒头、包子等面点。

②酵母发酵的原理：发酵主要是微生物中的酵母菌所起的作用。这种酵母菌在含糖的液体内，能迅速繁殖产生出一种酒化酶（又称酵素），它能促使糖分子分解成为乙醇分子和二氧化碳分子，同时产生热量，当酵母发酵到一定程度时，会使面团变得膨松多孔。

③面团发酵的三个过程：

a. 淀粉酶的分解作用。面粉掺水调制成面团后，面粉中淀粉所含的淀粉酶，在适当条件下，活性增强，先把部分淀粉分解成麦芽糖，进而分解成葡萄糖，为酵母菌的繁殖提供了养分。如果没有淀粉酶的分解作用，淀粉不能分解为单糖，酵母菌是不会繁殖的。淀粉酶的分解作用，是酵母发酵的重要条件。

b. 酵母菌繁殖和分泌“酵素”。酵母菌加入面团后，在以葡萄糖作为养分的条件下，在有氧和无氧时，大量繁殖和分泌“酵素”，这两种情况几乎是同时进行的。但因面团内氧气含量变化不同，酵母菌繁殖有两种情况，一种情况是酵母菌在有氧的条件（即面团刚刚和成，由于和面时不断翻拌，面团内吸收了一定量的氧气）下，利用淀粉水解所生成的葡萄糖进行繁殖，产生二氧化碳。其变化方程式如下：

$$C_6H_{12}O_6 + 6O_2 \xrightarrow{28\sim30℃} 6CO_2 + 6H_2O+Q$$

另一种情况是酵母菌在缺氧时进行的发酵。当面团发酵到一定程度时，面团内揉进的氧气耗尽，这就使酵母菌在无氧的条件下繁殖，分泌酵素，将葡萄糖转变成二氧化碳、酒精并释放出一定的热量。其变化方程式如下：

$$C_6H_{12}O_6 \xrightarrow{28\sim30℃} 2CO_2 + 2C_2H_5OH + Q$$

酵母菌在繁殖时是一个释放热量的过程，主要是由于酵母菌利用葡萄糖作为养分加倍繁殖，在繁殖过程中会产生热量。从上面两种变化中可以发现，发酵后期的面团有酒香味并发热。

c．杂菌繁殖和酸味产生。利用酵母发酵，因菌种纯、发酵时间短、效果好，一般并不会产生酸味，也不需加碱中和面团（但时间搁置太长也会发酸）。而用老酵面（又称面肥、酵头等）发酵，面肥内除酵母外，还含有杂菌（如醋酸菌等），在发酵过程中，杂菌也随之繁殖和分泌氧化酶，把酵母发酵生成的酒精分解为醋酸和水。发酵时间越长，杂菌繁殖越多，在氧化酶的作用下，面团酸味越浓。其变化方程式如下：

$$C_2H_5OH + O_2 \xrightarrow{\text{氧化酶}} CH_3COOH + H_2O$$

从上式可看出，发酵时间越长，酸味越大，而且面团会逐渐变得稀软。

④影响发酵力的因素。

a．面粉质量。在发酵中，对面粉质量的要求，表现在两个方面，一是产生气体的性能，二是保持气体的能力。前者指淀粉及淀粉酶的含量，后者指面筋多少及品质高低。淀粉中的淀粉酶把部分淀粉分解为单糖，给酵母提供养分，使面团发酵。如面粉变质或小麦经过高温干燥，都将使淀粉酶受到破坏，不能迅速提供酵母需要的糖源，对发酵不利。遇到这种情况，就要在面团中加入少量的糖，避免糖源不足而影响发酵速度，以尽快地生成二氧化碳气体。面筋质具有抵抗气体膨胀力、阻止气体逸出的性能，是保持气体的重要条件。如果面团中面筋质含量少或筋力不足，酵母发酵所生成的气体不能被保持而逸出，面团就达不到膨松状态。但面筋质过多，筋力过强，也能抑制气体的生成，对面团发酵也不利，所以，面筋质含量适中为好。面粉大致分为面筋质较多、筋力较大的硬质粉和面筋质较少、筋力较小的软质粉两种。对于前者，在发酵时，可适当提高水温，降低一些筋力，以利气体生成；对于后者，在发酵时，要降低水温，并加点盐，以增强筋力来提高保持气体的能力。区别两种面粉的方法：抓一把面粉捏紧松开，若面粉立即散开，一般为硬质粉；如不散开，一般为软质粉。

b．酵母数量。一般来说，面团中引入酵母数量越多，发酵力越大，发酵时间越短，但用量过多，超过了限度，反而会引起发酵力减退。根据试验，酵母用量应为面粉量的2%左右为宜。

c．发酵温度。温度对发酵有重大影响，这是因为酵母和淀粉酶对温度都特别敏感，温度适宜，它们才能更好地发挥作用。试验结果证明：酵母菌在30℃左右最为活跃，发酵最快，15℃以下繁殖缓慢，0℃以下失去活动能力，60℃以上死亡。淀粉酶在40~50℃作用最好。一般是结合自然条件，运用不同水温调节，如夏季用冷水，春秋季用温水，冬季用温热水等。但最重要的一条是：不能用60℃以上的热水，更不能用沸水。所以，发酵面团是没有“烫面”的。有些地区也有“烫酵”之说，其做法是：先把面粉烫熟后冷却，再用面肥发酵而成，并不是直接烫酵的面团。

d. 面团软硬程度。在发酵过程中，面团软硬也影响发酵，一般来说，软的面团发酵快，也容易被发酵中所产生的二氧化碳气体所膨胀，但产生的气体容易散失；硬面团发酵慢，是因为这种面团的面筋网络紧密，抑制二氧化碳气体产生，但也防止了气体的散失。因此，调制发酵面团，要根据面团用途调节软硬。一般来说，发酵面团不宜太硬，稍软一些较好。至于软到什么程度合适，还要根据天气及面粉质量、干湿等情况全面考虑。

e. 发酵时间。发酵时间对面团质量影响极大，时间过长，发酵过头，面团质量差，酸味强烈，熟制时软塌不暄。时间过短，发酵不足，不胀发，色暗质差，也影响成品质量。准确掌握发酵时间，是十分重要的。但发酵时间又受酵母多少、质量好劣、温度高低等条件所影响。行业掌握时间的方法是：先看用的面肥的质量和数量，再参照天气情况而定。如夏季时间短一些，冬季时间长一些。

以上五种主要因素，并不是孤立的，而是互相影响、相互制约的，如酵母多，发酵时间就短，反之发酵就慢；软面发酵快，硬面发酵慢。因此要取得良好的发酵效果，要从多方面加以考虑，掌握得恰到好处。不过，主要还是取决于时间控制和调节，如酵母少，天气较冷，面团较硬，发酵时间就可以长一些；酵母多，天气热，面团又软，发酵时间就短一些。这样加以适度调节，发酵就能大体适当。所以，控制发酵时间又是发酵技术中的关键。

2）化学膨松法。化学膨松法就是将可食用的、对人体无害的化学膨松剂掺入面团内，利用它们加热后产生二氧化碳气体的特性，从而使熟制品膨松。化学膨松剂常用的有如下几种：

①小苏打，学名碳酸氢钠，1克小苏打可产生约0.524克二氧化碳。其化学反应式如下：

$$2NaHCO_3 \xrightarrow{\text{加热}} Na_2CO_3 + CO_2\uparrow + H_2O$$

②臭粉，学名碳酸氢铵，又名阿摩尼亚粉，因有臭味，故使用量极少，往往不单独使用。使用的臭粉必须是食品加工专用的，绝不可乱用。

$$NH_4HCO_3 \xrightarrow{\text{加热}} NH_3\uparrow + CO_2\uparrow + H_2O$$

③发酵粉。

a. 小苏打+酒石酸氢钾发酵粉。它是应用很广泛的发酵粉之一。一般配方是酒石酸氢钾50%、碳酸氢钠30%及淀粉20%。这种发粉的分解很快，在较低温度环境下，5分钟即可发生反应全部CO_2的3/4，以后再徐徐放出残留的气体。客观存在的CO_2发生量为16%~17%，用淀粉为填充剂后为12%~13%。其反应式如下：

$$NaHCO_3 + HOOC(CHOH)_2COOK \xrightarrow{加热} NaOOC(CHOH)_2COOK + H_2CO_3$$

$$H_2CO_3 \rightarrow CO_2\uparrow + H_2O\uparrow$$

b．小苏打＋磷酸盐发粉。一般多用磷酸钙。其配方比例是磷酸二氢钙30%，小苏打27%，淀粉43%，这种发粉在分解反应时，气体的发生较为缓慢。其反应式如下：

$$2NaHCO_3 + Ca(H_2PO_4)_2 \longrightarrow Na_2Ca(HPO_4)_2 + 2CO_2\uparrow + 2H_2O$$

3）物理膨松法。物理膨松法又叫机械力胀发法，俗称调搅法。这种方法局限性大，必须加入鸡蛋，鸡蛋液通过高速搅拌，打进空气和保留气体，与面粉调匀成面团。成品熟制后，面团内所含气体膨胀，就使成品松发柔软。它的膨松，既不是酵母的生化作用，也不是膨松剂的化学作用，而是蛋液中搅进气体受热膨胀的物理作用，故称物理膨松法。在调制此面团时，要注意如下几点：

①选用新鲜鸡蛋。必须选用鸡蛋，其他禽蛋有异味，不适宜用，而且鸡蛋越新鲜越好。新鲜鸡蛋胶体溶液（蛋清）的浓稠度高，能打进足量气体，保持气体性能稳定。

②面粉加工处理。物理膨松法要求面粉过筛处理，使其松散。有时先要将面粉上笼屉蒸熟，取出晾凉，再经过擀细、过筛，至面粉没有任何疙瘩时才可使用。

③调制方法。一种是全蛋液直接搅打。一种是蛋清、蛋黄分开，将蛋清打发呈雪花状，再与蛋黄混合，掺入面粉调匀。

物理膨松法制成的面点，色泽美观，营养丰富，香甜适口，在辅料的添加上不受限制。

（3）油酥面团 油酥面团指用食用油脂与面粉、水及一些辅料调制而成的面团。完全用油与面粉调制成的面团，过于松散，难以加工成型，并且熟制很难成功，故需配合一些水、鸡蛋等辅料调制。

1）油酥面团成团、起酥原理。油酥面团成团、起酥，与油脂的作用有关。当油脂掺入面粉中，面粉颗粒就被油脂包围，粘连在一起，不易化开，所以，需经过反复地“擦”，扩大油脂颗粒与面粉颗粒接触面，成为面团，这就是油酥面团必须经反复“擦”制成团的基本原理。

油酥面团虽然“擦”制成团，但是油酥面团中的面粉颗粒与油脂颗粒的结合，并不像水调面团那样形成由蛋白质吸水而成的面筋网络，淀粉也未吸水膨润增加黏性，所以油酥面团（实指干油酥）仍然比较松散，没有黏性，没有筋力，这也形成了油酥面团的个性，即起酥性。油酥面团具有酥性主要有如下两个原因：

①面粉颗粒被油脂颗粒包围间隔，面粉颗粒之间的距离扩大，空隙中充满了空气，这些空气受热膨胀，使成品酥松。

②油酥面团制品的成熟一般采用煎、烤、炸、烙，以及油炸等高温度的加热方法，面粉颗粒吸不到水，不能膨润，在加热时易起“炭化”作用，故变得酥脆。

2）油脂的选用。油脂用来调制油酥面团，一般叫起酥油。凡食用油脂都能用作起酥油，但以动物油脂为佳。动物油脂熔点高，可塑性强。起酥油的熔点范围一般在44~52℃。

随着油脂化学工业的发展，用作起酥油的原料油已不限于猪油、牛油、羊油，将一些植物油经不同程度氢化，而后混合制成的起酥油品种较多。如麦淇淋就是人工氢化植物油制成的起酥油。对起酥油的要求，在室温下呈固体不流动，有较好的塑性，在10~16℃的不太硬，在32.5~38℃时不太软，可形成各种形状而不变形坍塌。

3）包酥面团制作。包酥面团由两部分组成，一是酥皮，又称水油面；二是酥心，又称干油酥。酥皮除用水油面外，亦用酵面皮、蛋面皮，以水油面的品种最多。

包酥中要注意的几个事项：

①水油面与干油酥的比例必须适当，干油酥不能超过水油面。

②干油酥与水油面的软硬度要一致，应将两种面揉匀后，再包捏起酥，这样，便于擀制、折叠。

③将干油酥包入水油面中，应注意使水油面皮四周厚薄均匀，防止顶端收口过厚，致使在按坯擀皮后两种面团分布不均匀。

④擀皮起酥时，两手用力轻重要适当。

⑤擀皮起酥时，尽量少用生粉，卷圆筒时要尽量卷紧，否则酥层之间不易黏结，造成脱壳。

⑥制成的生坯在包捏成型前应盖上一块湿布，防止表皮干燥起壳而影响成型。

4）擘酥面团调制。擘酥面团是广式面点吸取西点制作技术而制成的一种油酥面团，在广式面点中，亦叫千层酥、多层酥，是多层折叠而成。它由两块面团组成，一块是用凝结猪油掺面粉调制的油酥面；另一块是用水、糖、蛋等调制的水面，然后折叠在一起，成为油酥面团。其中水面起坯皮作用，油酥面起酥心作用。

擘酥皮由于使用油脂较多（比包酥面团的水油面用油量多），起发膨松的程度比一般包酥制品都要高，各层的展开比其他酥皮要宽要分明。又由于水皮中不掺入油脂，而是使用水、糖、蛋、面粉，故具有韧性，当受热时产生膨胀，成为层次分明的多层酥。制品的特点是松香、酥化，它配上各种馅心或其他半成品，可以变化成多种款式的面点，如鲜虾擘酥类、鹌鹑焗巴地、冰花蝴蝶酥、莲子蓉酥盒等。

擘酥面团所用原料比例是：凝结熟猪板油500克，精白面粉500克，净鸡蛋液75克，白糖25克，清水150克。

制作步骤如下：

a．将面粉过筛，分出1/3份面粉同猪油搓擦均匀起黏后即为油酥面，放在铁箱的一边。

b．将其余2/3面粉放在案板上，中间扒一窝，将鸡蛋、白糖、清水加入和匀，搓至软滑有劲，即为水面皮，放在铁箱的另一边。

c．将铁箱密封好，然后放入冰箱冷藏，至油酥面变成硬质结实的面团。

d．将冷冻的油酥面取出，放在案板上，用通心槌压薄压均匀，再取出水面皮放在案板上擀薄至与油酥面一样大小，放在油酥面上，将两端向中间折入，轻轻压平，折成四折，成为“蝴蝶折”（第一次），然后在第一次折的基础上，再用通心槌压成日字形，按以上方法进行第二次折、第三次折，最后轻轻放入铁箱、摆平，再放入冰箱冷藏30分钟，便成擘酥面团的酥皮。酥皮加馅心可制成擘酥面点。操作流程图如下。

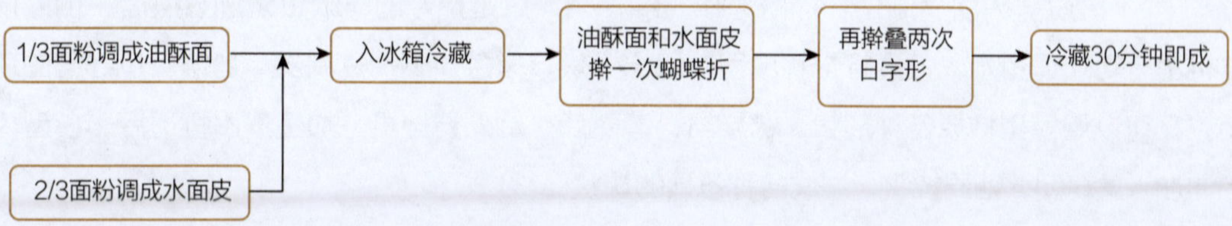

擘酥面团是经冷冻、折叠而成的，其制作难度较大，因此必须掌握以下关键操作要点。

a．和面时须用凝结的、有黏性的猪油或其他起酥油。油酥面要推擦起黏。

b．水面皮在调制时要有一定的筋性和韧性，否则成熟后制品易松散、脱落。

c．水面皮、油酥面放入冰箱不能冻得太硬，也不能过软，温度控制在0~5℃。两者的软硬度一致才可擀叠均匀。

d．操作时落槌要轻，用力要均匀，否则会影响起发和层次。

2．米粉面团

米粉面团是由大米及米粉调制的面团，主要由米粉调制而成，但有些面团是将大米浸泡、蒸熟后捣烂成团。米粉面团的调制视具体制品而异，常见的米粉面团制品有如下几种。

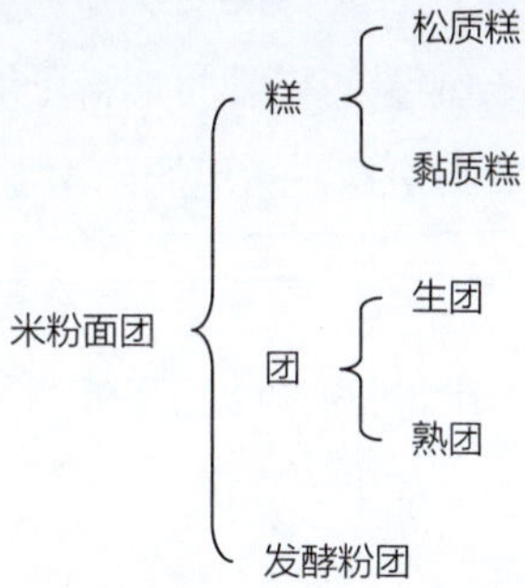

（1）松质糕粉团调制法 其又可分为清水拌和（白糕粉团）和糖浆拌和（糖糕粉团）两种。

1）白糕粉团。只用冷水与米粉拌和，成为粉粒状或糊浆状。在调制过程中，需要注意两个问题：第一，掺水量适当。一般拌成粉粒状的，干粉掺水量不能超过40%，湿磨粉不超过

25%~30%。水磨粉不需掺水，加些熟芡即可。另外还要根据粉料品种调整掺水量。加糖拌和的粉，掺水要少一些。第二，调制要匀。搅拌和掺水同时进行，但因用冷水调制，淀粉吸水慢不易拌匀，所以搅拌掺水要分次进行，边掺边拌，使米粉均匀吸水。白糕粉团调制后要静置一段时间后再使用。

2）糖糕粉团。用加工好的糖浆调制粉团，粉团容易拌匀拌透。熬制糖浆的方法是：标准白糖500克，水250克，在熬制时要用干净的铁锅，将水糖一起放入锅中，放在小火上熬，要不断搅拌，见糖液泛起大泡、化开，即离火，晾凉，用干净纱布或罗筛去杂质后使用。其调制方法与白糕粉团相同。

（2）黏质糕粉团调制法 拌粉与松质糕相同，只是拌好的粉须上笼屉蒸熟后，倒入搅拌机里，再加适量水，打透打匀，成团，取出分块、搓条、下剂、制皮、包馅。包好馅的坯团，又可以用模型做成各种形状。糖糕粉料蒸熟后，倒入搅拌机，加适量水打透后，模型内涂油加入熟粉团，四周按平，制成各种各样的块状。

（3）团类制品粉团制法 团类制品大致可分为生粉团子和熟粉团子两种调制法。熟粉团子和黏质糕做法相似。生粉团子大都用糯米粉、粳米粉掺和调成。制品一般要求有韧性、不粘手，成熟后不粘牙，下锅煮时不破不糊等。生粉团子调制必须经过适当处理，才会增加黏性。生粉团处理法主要有如下两种：

1）泡心法。将掺和后的镶粉倒在盆内，中间挖个凹坑，冲入适量沸水（约每500克干粉用100克沸水，其余用冷水），将中间部分的粉冲熟（称为熟粉心子），再将四周干粉与熟粉心子一起揉和，加入适量冷水，反复揉到软滑不粘手为止。

2）煮芡法。适用于水磨粉，取约1/3的水磨粉，用适量冷水拌成粉团，塌成“面饼”，投入沸水中煮熟成“芡”，捞出与余下的2/3水磨粉揉搓至细洁、光滑，不粘手为止。

（4）发酵粉团调制法 发酵粉团在广式面点中使用较多，如伦教糕、黄松糕。江苏苏北地区的米摊饼亦是发酵粉团的典型品种。发酵粉团必须用籼米粉制作，其他米粉不适宜制作。发酵粉团在发酵开始时要加入一定量的糕肥，加糕肥的量随气温高低调整，冬天多用，夏天少用。若不加糕肥则须加入化学膨松剂，常用的化学膨松剂为发酵粉。

3. 其他面团

其他面团指除面粉、米粉为主料调制的多种面团外的其他面团（包括用面粉特殊加工的面团），有澄粉、杂粮、薯类、豆类、菜类等面团。

（1）澄粉面团 澄粉是用含淀粉的原料经过特殊加工得到的纯淀粉。澄粉面团是澄粉用开水调制而成的面团，其色泽洁白呈半透明状，细腻柔软，口感嫩滑，常用于制作精细面点，如虾饺等。澄粉面团调制时，一般用90℃以上的热水烫热拌和，才具有黏性、可塑性。

（2）杂粮面团 将小米、玉米、高粱等磨制加工成粉，有的直接加水调成面团，有的掺面粉和水调制成团。种类很多，可做成各种小吃，如北方的黄米炸糕等。

（3）薯类面团　将甘薯去皮煮熟，压烂去筋，趁热加入面粉、油、白糖或米粉等配料，揉搓成的面团。由于煮制甘薯含水量多，调成面团需加入过多的面粉，降低了制品的薯味。所以一般将甘薯等薯类原料通过火烤、火炕成熟后，再去皮调成面团。这样所制的面团原汁原味，薯味更浓。

（4）豆类面团　指将豆类磨制加工成粉调制的面团，如绿豆粉面团。调制方法是：将绿豆磨粉，加水调成面团，有的掺米粉，或添加油、糖等辅料。绿豆粉无筋不黏，清香浓郁，制馅味香而软滑，制作面团松软、甘香。可制作绿豆饼、绿豆糕等。

（5）土豆面团　每100克土豆块茎鲜品约含水分80克、淀粉18克。将土豆煮熟或烤熟捣成泥，再加入少许面粉或米粉调制成土豆面团，包入馅心制成土豆面团制品生坯，可炸、可煎、可烤。营养丰富，口感细腻松软，具有特殊的土豆香气。

（6）山药面团　山药质地细腻、肉色洁白，有黏液。每100克山药块茎鲜品含水分87克、淀粉10克。由于山药品种不同，营养成分略有差异。山药一般煮熟捣成泥，加入米粉，做成山药面团制成面点，如“山药寿桃”。

（7）芋艿面团　芋艿质地细软，易于消化，成熟后具有滑、软、酥、糯、粉的特点。

4. 馅心制作技艺

馅心指用各种不同原料，经过加工处理、调味或熟制调味后包入面点中的部分。

（1）咸味馅制作技艺　咸味馅心使用范围很广，根据加工工艺，咸馅分为咸味生馅和咸味熟馅两类。

1）咸味生馅是生料拌和而成的，拌和后的馅心经与坯料成型后同时成熟。因此，咸味生馅能保持原料的原汁原味，其特点是清鲜爽滑、鲜美多卤。常见的有鲜肉馅、牛肉烧卖馅、滑鸡馅等。

2）咸味熟馅是主料经刀工处理后通过烹调成熟的。咸味熟馅用料广泛，口味多变，并能缩短面点成熟时间，保持皮料风味。其特点是口味浓郁，鲜香汁厚。常见的有叉烧馅、咖喱馅等。

（2）甜味馅制作技艺　根据加工过程，甜馅分为甜味生馅和甜味熟馅两类。

1）甜味生馅是各种甜馅原料经加工后拌制而成，这类馅心加工简单，原料使用广泛，选料要求严格。常见的有麻蓉馅、五仁馅等。

2）甜味熟馅是将原料先制成蓉，再与糖、油等烹制成熟。甜味熟馅口味香甜滑润，质地细腻软滑，是使用较为广泛的一类馅心。常见的有豆沙馅、枣泥馅等。

5. 面点成熟工艺

面点的成熟工艺，是将面点生坯运用各种加热方法，使其成为色、香、味、形俱佳的熟制品的过程。

（1）以蒸汽为主要传热介质的成熟方法　蒸是面点成熟中较为普遍的一种加热成熟方

法。它是将面点生坯放入器具（如蒸笼、蒸箱、蒸柜等）中，利用水蒸气的加热作用使其成熟的烹调方法。

1）蒸制基本原理。蒸主要是利用蒸汽的温度和外加的一定压力，通过蒸汽的对流运动，不断接触生坯，并利用适当的压力，使生坯受热传导，由表及里逐步成熟。由于蒸制的温度在100℃以上，特别是加盖加压后，其温度随压力升高而不断提高。其压力的升高受蒸制容器密封程度的限制，超过相对密封压力时，其蒸汽便向外排出，从而使容器内的压力和温度始终保持在一定的限度内，加速坯料变性。在正常环境下，温度越高变性速度越快。蒸制品多数为膨松面团面点，其内部存在大量气体，受热后气体膨胀，加上面筋网络的不可逆变性，成品具有多孔、富有弹性的膨松状态。

2）蒸制工艺技术。蒸制的工艺流程：准备蒸汽→生坯上笼或入屉→蒸制→成熟取出。

3）蒸制的特点如下。

①适用范围广，能保持成型的相对完整，不会造成散碎。

②使有馅品种的馅心细腻、多汁、鲜嫩。

③成品含水量适中，膨松面团质地松软，人体易消化吸收。

4）蒸制操作要领。

①保证正常供汽。蒸汽若是从锅中产生的，锅中的水量要充足，一般以七成满为宜。过满时，水沸易冲湿笼垫影响成品质量；过少则产汽不足影响成熟效果，应注意经常加水。若是锅炉蒸汽，要注意蒸汽压力，适当调节阀门，控制蒸汽的大小。

②掌握成熟数量。要根据面点的要求及蒸汽的压力，控制每次蒸制的数量。若蒸汽压力较高，可多放几屉笼，反之则少放几屉笼。放生坯在笼内时，要考虑其熟后有的会体积变大，要留有空隙，防止成品粘在一起。

③蒸前注意醒面。凡膨松面团生坯在蒸前必须有一个醒面的过程，以使生坯继续膨胀达到蒸后松软的目的。醒面时的温度控制在30℃左右，时间在15分钟左右。

④掌握成熟时间。不同的品种，成熟的时间不同，时间短了蒸不熟，时间长了质量下降。蒸制的时间，应根据具体品种而定。如馒头、花卷等在15~18分钟，千层油糕在40分钟左右，包子类在15分钟左右，饺子及花色品种一般在10分钟左右。当然，时间的长短还要考虑蒸汽的压力大小、品种特点与要求，进行适当增减。

⑤锅内的水应经常换。水锅或锅炉应经常换水，以保持水质清洁，防止不良气味的产生。

（2）以水为主要传热介质的成熟方法 煮是将生坯投入多量的沸水或汤汁的锅中，利用水的传热使制品成熟的烹调方法。煮的范围较广，如面条、饺子、馄饨、粽子等。

1）煮制基本原理。煮是利用沸水的对流作用使面点生坯成熟。面点生坯成熟原理主要是淀粉的糊化与蛋白质的变性，而使面点生坯成熟。在煮制过程中，必须严格控制出锅时间，否则，时间过长，容易变烂变糊。

2）煮制工艺技术。煮制的工艺流程：水或汤汁烧开→投入生坯→保持微沸→至全部浮起→捞出装碗。

煮制烹法分三个步骤：一是原料入锅时，迅速分开，大火烧沸；二是小火养透，使面点生坯从水下慢慢向水面上浮起；三是待熟透后捞出装入器皿中。

3）煮制的特点如下。

①成品质地滑爽，能保持一定的原料的软、韧口感。

②有利于除去部分半成品内的异味，如碱味等。

③便于调整口味，突出风味，因人制宜。

④有利于灵活变化口味，适用性较广。

4）煮制操作要领。

①水要沸。生坯入锅时水要沸，这样利于生坯遇到高温定型，不易破裂。因蛋白质、淀粉的变性糊化温度均在65℃以上，只有开水下锅，制品生坯才不易出现黏糊状。

②水量要大。煮的水量要比生坯多出5倍以上，这样能使制品在水中有充分活动的余地，并受热均匀，不至粘连，汤不易混浊，清爽利落。水量要根据煮的数量和制品体积大小，适当掌握，以制品有活动余地和汤水不浑为准。

③注意成熟过程，灵活运用火候。生坯下锅后，要时刻注意生坯在成熟中的变化，及时处理问题，如为防止生坯在锅中堆积在一起，互相粘连或粘在锅底锅边，要随时搅动使生坯不断翻动受热均匀；防止水锅沸腾过烈，溢出锅外，要及时加冷水，保持水锅沸而不腾。因为水大沸，冲击力太大，容易使生坯破裂、漏馅；反之水不沸，生坯不易成熟。

④熟练操作，及时出锅。不管什么制品，成熟既要达到目的，又要恰到好处，关键就在于起锅要及时，才能保证成品质量和风味特色。

⑤勤加水、换水。煮的水一定要保持清澈，不混浊。特别是连续煮制时，更要注意常加水、换水，以保证水质不浑，提高成品质量。

（3）以油为主要传热介质的成熟方法

1）炸。炸是将生坯投入温度较高的多量油锅中，利用油脂的热对流作用，使生坯成熟的烹调方法。

①油炸基本原理。油脂能耐高温，沸点一般均在200℃以上。面点在炸制时大多采用120~220℃的高温，当利用油脂的高温传热时，由于半成品生坯有水分，但高温油内又不能容许水分存在。因此当油加热到100℃以上时，便会气化水分，至水分不断排尽为止。当含有较多水分的生坯投入热油锅内时，一方面，油温较高使水分快速气化，排除生坯中的水分；另一方面，通过气化、对流，使生坯受热、成熟。油温越高，气化、排出水分的速度越快，成熟也越快。同时成熟的时间越长，被气化、排除的水分就越多，成品含水量就越少，正常成

熟时，吃口越香、脆。

②油炸工艺技术。油炸根据油温不同，可分为温油炸制和热油炸制两种。

a．温油炸制。用三四成热的油温将生坯下锅炸熟，至六七成热油温时起锅。这样炸的制品不含油，外酥脆、里鲜嫩，一般适用于质地较厚、带馅制品及油酥制品等，如油酥面点，一般在三四成热的油中，将生坯下入锅中，逐渐升高油温，并保持在四成热左右，经常晃动油锅，使受热均匀。当油锅温度降到四成热以下时，就要将锅回到火上，这样反复操作，使油酥生坯内的部分油脂溢出，起酥充分，待全部浮到油面上，再升高油温，将外皮炸脆。温油炸的特点是外脆里嫩，色泽淡黄，层次分明，不散不碎。

b．热油炸制。这是油温达到五成热后将生坯入锅，七八成热时出锅的炸制方法。若油温不够，制品色泽发白，软而不脆；过高则易焦煳。这种炸法主要适用于膨松面团、米粉面团等制品。如麻花、馓子等的炸制，都要用热油，炸制时间不能长，还需不断翻动，均匀受热，金黄酥脆时出锅。

油炸制品炸制时除要掌握火力和温度外，还必须保持油质清洁，否则会影响热的传导和色泽。在用植物油炸制时，要先加热至150℃左右让其冷却，再用于炸制，否则会有生油味，影响制品质量。

③炸的操作要领如下。

a．用油量要多，下坯及时，数量适当。炸是大油量加热成熟法，用油宜多不宜少（一般以淹至生坯以上为宜）。油量的多少与下坯的数量有直接关系，这是因为生坯入锅时势必影响油温。当大量生坯一起下锅时，油温下降非常明显，如不能迅速升温，势必产生油温太低现象，影响成品质量。还会使生坯拥挤，影响成熟或色泽不匀，致使生坯互相黏结，影响成品外形完整，造成质量下降。

b．正确掌握油温，适当控制火候。制品下锅时的油温要在120℃以上，有的甚至需要200℃左右再下生坯，这样才能突出炸制品脆、松、香、色泽金黄等特色。如下锅时油温过低，会使制品发白，软而不脆。油温的运用要根据不同品种区别对待，并与火候密切相关。因为油温受火力控制，特别是油受热后，火力大小对油温影响很大，升降较快。一般当锅内油温上升到一定温度后切忌用旺火。如火力太旺，就要离火，或加入适量冷油进行降温，以防发生焦煳。

c．掌握成熟时间，及时出锅。生坯成熟的时间受多方面可变因素影响，由于品种形体不同，火力、油量等不尽相同，因此成熟时间的掌握较为复杂。只有充分掌握了这些不同的可变因素，才能使成熟恰到好处。

d．操作要注意安全。炸制成熟，因油温变化很快，稍有疏忽，就会出差错。在操作中，注意力要集中，善于观察，手法轻重、快慢适当，确保成品色泽和质量一致，避免发生质量事故。

2）煎。煎是以平底锅靠少量油脂热传递进行成熟的烹调方法。热传递主要通过对流和传导作用，使生坯成熟，成品具有香、软、油润、光亮等特点。

①煎制成熟基本原理。在锅中加入的油脂使生坯与锅壁间产生一层薄薄的油脂层，能防止生坯粘锅，又可以利用油脂耐热性能，将来自锅体的热量迅速传给生坯。由于生坯与锅体接触面温度较高，致使受到锅体热量直接影响的部位，水分迅速汽化、失水。在汽化失水时产生的热量，又通过维持生坯内部的热渗透，使生坯逐渐成熟。因此，受热越多，油脂升温越快，作用于生坯部位的水分汽化越快，失水与热渗透也越快，反之则慢。

②煎制工艺技术。煎制受品种及口味特色要求的影响，成熟时运用的方式也不尽相同，在实际使用中又可分为油煎及水油煎两种方法。

a. 油煎是将少量油脂加入平底锅中，与锅体表面的热结合，形成薄薄的油脂传热层，使生坯在锅体热量与油脂热量的双重热作用下成熟，如馅饼、煎饺等。由于油煎用油量较少，一般锅内的油量不能超过生坯厚度的1/2。生坯受热面较少，因此传热效果不如大油量，运用火力较小，成熟时间比炸长。油煎操作要领如下。

★ 油量适中。由于原料特性、成品厚薄大小及品种特色等不同的因素，用油量有多有少，必须根据每一种制品的不同要求而定，用油过多失去煎的特色，过少则易焦煳。

★ 保持热量均衡。油煎工艺中火候运用很重要。一般以小火为主。生坯下锅前可稍大些。生坯下锅后，应改用小火，使油温保持在150℃左右，能使生坯在锅中有较长的加热时间，通过热渗透逐步使生坯成熟。

★ 防止生熟不匀。煎制因生坯受热面较少，并且平底锅底面部位较大，难免造成生坯与生坯间、生坯上下部位间的受热不匀。因此必须熟练地掌握操作技术，通过不断地变换锅体受热的位置，使生坯与生坯间的受热均匀；同时当生坯受热到一定的时间后，根据不同品种的成熟要求，翻坯变换受热部位，熟练地掌握翻坯的次数和时间，才能使成熟恰到好处，保证成品特色风味。

b. 水油煎同属于煎，其操作方法和使用工具均与油煎相似。成熟中除了要懂得油煎的成熟技术外，还要掌握好水在成熟过程中的运用。操作时先在锅底放入少量的油脂，然后放入生坯，先煎至底部上色，再放入水或稀粉糊，盖上盖，使之成熟。因此它是具有油、水两种传热的成熟方法。一般适用于锅贴、生煎包等。水油煎的操作要领如下。

★ 掌握锅内水量、油量。油和水在成熟过程中分别起不同的作用，油主要是防止粘锅、增色、保护生坯表面不焦煳，而水在成熟中具有汽化、热对流、促进生坯成熟的作用。因此水、油的用量，加油、加水的时机都与成熟和形成成品特色关系密切。如加水过早、过多，会使生坯糊化；加水过迟、过少，会使生坯焦煳，或不易熟透。

★ 注意火候，掌握成熟时间。水油煎的火力一般以中小火为主，火力要均匀，便于品种成熟。加入水后，要立即盖上盖子，以汽化形成的蒸汽温度促其成熟。一般中途不开盖子，以免影响成熟。因此要正确掌握好成熟时间，一揭开盖子，成熟也应恰到好处。

★ 排坯要整齐，操作要熟练。生坯下锅要排放整齐，而且要有次序。一般须从锅边沿往里圈放，以控制中心温度过高易焦现象。并且要根据火力分布情况，及时调换锅体位置，如需翻坯的还要及时翻坯，以保证色泽一致。

（4）其他传热介质的成熟方法 常用的是烙。烙是通过金属传导热量使面点生坯成熟的烹调方法。在烙制时，制品的两面反复接触锅底，直至两面都成熟为止。烙制品大都成品香脆、内里柔软，色泽为金黄或黄褐色。烙法适用于水调面团、发酵面团、米粉面团等面点。烙的方法可分为三种：干烙、刷油烙和加水烙。

1）干烙。干烙指面点生坯表面和锅底既不刷油，也不洒水，直接烙的方法。干烙制品在成型时加入油、盐等，烙成味道较佳的制品。无油、无盐的制品也别有风味。干烙的方法是将锅架于火上，先将锅烤热，再放生坯。烙完一面，再烙另一面，至两面成熟为止。根据不同的面点制品，采用不同的火候，如薄的饼类（春饼、薄饼等），要求火力稍大；中等或较厚的饼类、包馅和加糖的面点制品，要求火力稍低。烙的面点制品其形状、大小不一，大者每锅烙一张；烧饼、火烧之类形状较小，一锅烙十多个。烙制过程中锅壁的温度不均匀，一般中间高，四周低，故在烙制过程中，必须移动锅的位置和制品的位置，行业称之为“找火”。一般烙制时，生坯下锅，正面朝下，剂口（成型剂口）朝上，过一段时间翻过来烙另一面，这样经几次翻面烙制，直到制品成熟。

2）刷油烙。刷油烙的方法和要点均和干烙相同，只是在烙的过程中，或在锅底刷少许油（数量很少，比油煎法少），每翻动一次就刷一次；或在制品表面刷少许油，也是翻动一面刷一次，无论刷在锅底或制品表面，都要刷均匀，并用干净油脂。刷油烙的制品，不但色泽美观，而且颇香脆，内部柔软有弹性，如家常饼等。

3）加水烙。加水烙是用铁锅和蒸汽联合传热的烹调方法。从做法上看，和水油煎相似，风味也大致相同。所不同的是：水油煎法是在油煎后洒水焖熟；加水烙法，是在干烙以后洒水焖熟。加水烙在加水前的做法，和干烙完全一样，只烙一面，即把一面烙成焦黄色即可。由于锅底温度不匀，烙时要一排一排及时移位，火候不宜过大，至全部制品一面都成了焦黄色后，洒少量清水，盖上盖，通过蒸焖使制品成熟即可出锅。

1.1.3 烹饪营养学知识

烹饪营养学是应用营养科学的基本原理指导烹饪过程的一门应用性学科，它是随着烹饪科学和营养科学的不断发展、研究领域的不断拓展而来的。烹饪营养学是烹饪科学的一个重要组成部分，也是营养学科的一个分支。烹饪营养学的研究范围包括：各类烹饪原料的营养价值；烹饪加工方法造成原料营养素的变化及规律；烹饪工艺对食物营养价值的影响；合理烹饪与合理膳食等。烹饪工作者在工作中与食物和就餐者直接接触，是将现代营养学的研究成果与生活实践相结合的重要桥梁，在烹饪专业开设烹饪营养学课程，是营养科学社会实践性的重要体现，也是我国烹饪与现代科学相结合的迫切需要。

1. 人体需要的营养素

人体需要的七大营养素，是构成人体的主要成分，缺一不可。

（1）蛋白质 蛋白质是组成人体一切细胞、组织的重要成分。机体所有重要的组成部分都需要蛋白质的参与。一般来说，蛋白质约占人体全部质量的18%，最重要的还是其与生命现象有关。蛋白质是建造和修复身体的重要原料，人体的发育及受损细胞的修复和更新，都离不开蛋白质。蛋白质也能为人体的生命活动提供能量。

1）必需氨基酸，指人体自身不能合成或合成速度不能满足人体需要，必须从食物中摄取的氨基酸。对成人来说，这类氨基酸有8种，包括赖氨酸、蛋氨酸、亮氨酸、异亮氨酸、苏氨酸、缬氨酸、色氨酸、苯丙氨酸。

2）非必需氨基酸，非必需氨基酸并不是人体不需要的氨基酸，而是人体可以自身合成或由其他氨基酸转化而得到，不一定非要从食物中摄取。这类氨基酸包括甘氨酸、丙氨酸、丝氨酸、天冬氨酸、谷氨酸、脯氨酸、精氨酸、组氨酸、酪氨酸、胱氨酸。

（2）脂肪 食物中的油性物质主要是油和脂肪，一般把常温下是液体的称作油，而把常温下是固体的称作脂肪。脂肪由碳、氢、氧三种元素组成。脂肪是由甘油和脂肪酸组成的甘油三酯，其中甘油的分子比较简单，而脂肪酸的种类和长短却不相同。脂肪酸分三大类：饱和脂肪酸、单不饱和脂肪酸、多不饱和脂肪酸。脂肪可溶于多数有机溶剂，但不溶解于水。脂肪是由甘油和脂肪酸组成的甘油三酯，其中甘油的分子比较简单，而脂肪酸的种类和长短却不相同。因此脂肪的性质和特点主要取决于脂肪酸，不同食物中的脂肪所含有的脂肪酸种类和含量不一样。

人体内的脂类分成两部分，即脂肪与类脂。脂肪，又称真脂、中性脂肪及三酯，是由一分子的甘油和三分子的脂肪酸结合而成。脂肪又包括不饱和与饱和两种，动物脂肪含饱和脂肪酸为多，在室温中呈固态。相反，植物脂肪含不饱和脂肪酸较多，在室温下呈液态。类脂则是指胆固醇、脑磷脂、卵磷脂等。脂肪是细胞内良好的储能物质，主要提供热能；维持体温，保护脏器；协助脂溶性维生素的吸收；参与机体各方面的代谢活动等。脂类的生理功能主要如下。

1）供给和储存热能。每克脂肪在体内氧化可释放出约38 千卡的热量，比相同质量的碳水化合物或蛋白质的供热量大。脂肪占有空间小，能量却比较大，所以储存脂肪是储备能量的一种方式。人类从食物中获得的脂肪，一部分储存在体内，当人体的能量消耗多于摄入时，就动用储存的脂肪来补充热能。当人处于饥饿状态时或手术后禁食期有50%~85%的能量来源于储存的脂肪氧化。冬眠动物和骆驼也都是靠储存脂肪来维持生存的。

2）构成身体组织。脂肪是构成人体细胞的主要成分，如类脂中的磷脂、糖脂和胆固醇是组成人体细胞膜的类脂层的基本原料。

3）维持体温、保护脏器。脂肪是热的不良导体，分布在皮下的脂肪具有减少体内热量过度散失和防止外界辐射热侵入的作用，对维持人的正常体温和御寒起着重要作用。分布在器官、关节和神经组织等周围的脂肪组织，既对重要脏器起固定支撑和保护作用，又犹如软垫保护内脏免受外力撞击、防止震动和摩擦损伤。

4）促进脂溶性维生素的吸收。脂肪是脂溶性维生素的良好溶剂。维生素A、维生素D、维生素K、维生素E及β-胡萝卜素均能溶于脂肪而不溶于水，这些维生素随着脂肪的吸收而同时被吸收，当膳食中脂肪缺乏或发生吸收障碍时，体内脂溶性维生素就会因此而缺乏。

5）供给必需脂肪酸、调节生理功能。必需脂肪酸是细胞的重要组成物质，在体内具有多种调节人体生理功能的作用，能促进人体发育；维持皮肤和毛细血管的健康；减轻放射线照射所造成的皮肤损伤；降低血胆固醇和减少血小板黏附性作用，防止血栓形成，有助于预防冠状动脉粥样硬化性心脏病等。

6）提高食品的饱腹感和美味。脂肪饮食在胃中的停留会产生饱腹感，脂肪还有润肠作用，烹调食物时加入脂肪，可以改善食品的味道，增加食欲。

（3）碳水化合物 碳水化合物是由碳、氢和氧三种元素组成，是自然界存在最多、具有广谱化学结构和生物功能的有机化合物。由于它所含的氢氧的比例为2∶1，和水一样，故称为碳水化合物。它可以为人体提供热能。食物中的碳水化合物分成两类：人体可以吸收利用的有效碳水化合物和人体不能消化的无效碳水化合物。碳水化合物是一切生物体维持生命活动所需能量的主要来源。它不仅是营养物质，而且有些还具有特殊的生理活性。

碳水化合物是生命细胞结构的主要成分及主要供能物质，并且有调节细胞活动的重要功能。机体中碳水化合物的存在形式主要有三种，葡萄糖、糖原和含糖的复合物，碳水化合物的生理功能与食物的碳水化合物种类和在机体内存在的形式有关。

1）基本分类。碳水化合物根据其能否水解和水解后的生成物可分为下述三类。

①单糖类。单糖是糖的基本单位，不能再进行水解。自然界中的单糖以四个、五个或六个碳原子最为普遍，食品中以戊糖和己糖较多，尤以己糖分布最广。戊糖在自然界中大都以形成多糖的成分而存在，如阿拉伯糖存在于半纤维素中，稻草、木材中含有木糖的成分。戊糖不能被人体吸收。己糖中最重要的有三种：葡萄糖、果糖、半乳糖。葡萄糖除了构成水果与蔬菜类甜味的成分，还以结合状态构成各种多糖及低聚糖，如淀粉、纤维素、半纤维素、麦芽糖、肝糖原等。葡萄糖的甜度相对来说不高，约为蔗糖的0.6倍。果糖是葡萄糖的异构糖，主要存在于水果中而得名，是甜度最高的糖，约为蔗糖的1.5倍。果糖与葡萄糖结合构成蔗糖，多数果糖结合成为多糖类的菊糖。果糖也是蜂蜜的糖分组成之一。

②低聚糖类。在低聚糖类中以两分子单糖所结合而成的双糖最为重要，有麦芽糖、蔗糖和乳糖。麦芽糖由二分子葡萄糖结合而成，可由淀粉水解得到，是饴糖的主要成分，甜度比蔗糖低，有还原性。蔗糖是食品中最重要的甜味料，由一个葡萄糖分子和一个果糖分子构成，无还原性，甘蔗和甜菜中含量最高。乳糖由半乳糖和葡萄糖构成，甜度约为蔗糖的0.7倍。乳糖是双糖中溶解度最小而又没有吸湿性的一种，在食品和医药工业中可做特殊用途。乳糖也具有还原性。

③多糖类。多糖类是一类高分子化合物，由许多单糖分子组合而成，种类很多，如淀粉糖原、纤维素、半纤维素和果胶等。

2）碳水化合物在人体中的作用。

①供给能量。每克葡萄糖产热16千焦（约4千卡），人体摄入的碳水化合物在体内经消化变成葡萄糖或其他单糖参加机体代谢。每个人膳食中碳水化合物的比例没有规定具体数量，我国营养专家认为碳水化合物产热量占总热量的60%~65%为宜。平时摄入的碳水化合物主要是多糖，在米、面等主食中含量较高，摄入碳水化合物的同时，能获得蛋白质、脂类、维生素、矿物质、膳食纤维等其他营养物质。同时应多食用复合碳水化合物淀粉、不消化的抗性淀粉、非淀粉多糖和低聚糖等碳水化合物；限制纯能量食物如糖的摄入量，提倡摄入营养素、能量密度高的食物，以保障人体能量和营养素的需要及改善胃肠道环境和预防龋齿的需要。

②构成细胞和组织。每个细胞都有碳水化合物，其含量为2%~10%，主要以糖脂、糖蛋白和蛋白多糖的形式存在，分布在细胞膜、细胞器膜、细胞质及细胞间质中。

③节省蛋白质。食物中碳水化合物不足，机体不得不动用蛋白质来满足机体活动所需的能量，这将影响机体用蛋白质合成新的蛋白质和组织更新。因此，完全不吃主食，只吃肉类是不适宜的，因肉类中含碳水化合物很少，这样机体组织将用蛋白质产热，对机体没有好处。

④维持脑细胞的正常功能。葡萄糖是维持大脑正常功能的必需营养素，当血糖浓度下降时，脑组织可因缺乏能源而使脑细胞功能受损，造成功能障碍，并出现头晕、心悸、出冷汗，甚至昏迷。当人体缺乏糖类时，可分解脂类供能，同时产生酮体，酮体会导致高酮酸血症。

⑤解毒。糖类代谢可产生葡萄糖醛酸，葡萄糖醛酸与体内毒素结合进而解毒。

⑥加强肠道功能。此功能与膳食纤维有关，如防治便秘、预防结肠和直肠癌、防治痔疮等。

一般来说，碳水化合物没有特定的饮食要求。主要应该从碳水化合物中获得合理比例的热量摄入。碳水化合物的主要食物来源有糖类、谷物，如水稻、小麦、玉米、大麦、燕麦、高粱等，水果如甘蔗、甜瓜、西瓜、香蕉、葡萄等，以及干果类、干豆类、根茎蔬菜类如胡萝卜、番薯等。

3）摄入过量。当膳食中碳水化合物过多时，就会转化成脂肪储存于身体内，使人过于肥胖而导致各类疾病如高脂血症、糖尿病等。膳食中碳水化合物的主要来源是植物性食物，如谷类、薯类、根茎类蔬菜和豆类，另外是食用糖类。碳水化合物只有经过消化分解成葡萄糖、果糖和半乳糖才能被吸收，而果糖和半乳糖又经肝脏转换变成葡萄糖。血中的葡萄糖简称为血糖，少部分血糖直接被组织细胞利用，与氧气反应生成二氧化碳和水，放出热量供身体需要，大部分血糖存在人体细胞中，如果细胞中储存的葡萄糖已饱和，多余的葡萄糖就会以高能的脂肪形式储存起来。

4）摄入缺乏。膳食中缺乏碳水化合物，可造成膳食蛋白质浪费，组织蛋白质和脂肪分解增强及阳离子的丢失等。将导致全身无力、疲乏、血糖含量降低，产生头晕、心悸、脑功能障碍等。严重者会导致低血糖昏迷。

（4）矿物质 矿物质又称无机盐，是人体内无机物的总称，是构成人体组织和维持正常生理功能必需的各种元素的总称，是人体必需的七大营养素之一。矿物质和维生素一样，是人体必需的元素，矿物质是无法自身产生、合成的，每天矿物质的摄取量也是基本确定的，但随年龄、性别、身体状况、环境、工作状况等因素有所不同。人体中含有的各种元素，除了碳、氧、氢、氮等主要以有机物的形式存在以外，其余的60多种元素统称为矿物质（也叫无机盐）。其中25种为人体营养所必需。钙、镁、钾、钠、磷、硫、氯7种元素含量较多，约占矿物质总量的60%~80%，称为宏量元素。其他元素如铁、铜、碘、锌、锰、钼、钴、铬、锡、钒、硅、镍、氟、硒共14种，存在数量极少，在机体内含量少于0.005%，被称为微量元素。人体内有些特殊的生理物质如血液中的血红蛋白、甲状腺素等需要铁、碘的参与才能合成。

1）矿物质的生理功能。

①矿物质是构成机体组织的重要成分：钙、磷、镁是骨骼、牙齿的主要成分。缺乏钙、镁、磷、锰、铜，可能引起骨骼或牙齿不坚固。

②矿物质为多种酶的活化剂、辅因子或组成成分：钙是凝血酶的活化剂，锌是多种酶的组成成分。

③矿物质是某些具有特殊生理功能物质的组成部分：碘是甲状腺素组成部分，铁是血红蛋白组成部分。

④维持组织细胞渗透压：无机盐与蛋白质一起维持组织细胞的渗透压；缺乏铁、钠、碘、磷可能会引起疲劳等。

⑤维持神经肌肉兴奋性和细胞膜的通透性：钾、钠、钙、镁是维持神经肌肉兴奋性和细胞膜通透性的必要条件。人体内矿物质不足可能会出现许多症状。

⑥矿物质如果摄取过多，容易引起过剩症及中毒。所以一定要注意矿物质的适量摄取。矿物质在人体内不能自行合成，必须通过膳食进行补充。

2）膳食中较易缺乏的矿物质。我国居民膳食中较易缺乏的矿物质有钙、铁、锌、碘、硒等。

①钙。钙是骨骼的构成元素，是保持心脏健康、神经健康、止血、肌肉收缩及皮肤、骨骼和牙齿健康的营养素，可减轻肌肉和骨骼的疼痛，缓和月经期的腹痛及肌肉抽搐。摄入不足症状：肌肉痉挛、颤抖、失眠、神经质、关节痛、关节炎、龋齿、高血压。推荐每日摄入量：800毫克。最佳每日摄入量：1000毫克。最佳食物来源：杏仁、玉米油、南瓜子、煮熟晾干的豆类、圆白菜、小麦。

②铁。铁是氧的携带者，是血红蛋白的组成成分；参与氧气和二氧化碳的运载和交换；是酶的构成物质，对能量产生也是必需的。摄入不足症状：贫血、面色苍白、舌痛、疲劳、无精打采、缺乏食欲、恶心及对寒冷敏感。推荐每日摄入量：14毫克。最佳食物来源：南瓜子、杏仁、腰果、葡萄干、核桃、猪肉、煮熟晾干的豆类、芝麻、山核桃。

（5）维生素 其是维持身体健康所必需的一类有机化合物。这类物质在体内既不是构成身体组织的原料，也不是能量的来源，而是一类调节物质，在物质代谢中起重要作用。这类物质体内不能合成或合成量不足，虽然需要量很少，但必须经常由食物供给。维生素通俗来讲，即维持生命的物质，是维持人体生命活动必需的一类有机物质，也是保持人体健康的重要活性物质。维生素在体内的含量很少，但不可或缺。

1）维生素的共同点。各种维生素的化学结构及性质虽然不同，但它们却有着以下共同点。

①维生素均以维生素原的形式存在于食物中。

②维生素不是构成机体组织和细胞的组成成分，也不会产生能量，它的作用主要是参与机体代谢的调节。

③大多数维生素，机体不能合成或合成量不足，不能满足机体的需要，必须经常从食物中获得。

④人体对维生素的需要量很小，日需要量常以毫克或微克计算，但一旦缺乏就会引发相应的维生素缺乏症，对人体健康造成损害。

2）造成维生素缺乏的原因如下。

①食物供应严重不足，如食物单一、储存不当、烹饪破坏（如叶酸受热损失）等。

②吸收利用降低，如消化系统疾病或摄入脂肪量过少从而影响脂溶性维生素的吸收。

③维生素需要量相对增高，如妊娠和哺乳期妇女、儿童、特殊工种、特殊环境下的人群。

④不合理使用抗生素会导致对维生素的需要量增加。

（6）水

1）生理作用。水是人体正常代谢所必需的物质，正常情况下身体每天要通过皮肤、内脏、肺及肾脏排出1.5升左右的水，以保证毒素从体内排出。

2）水在机体内的功效如下。

①水是细胞原生质的重要组分。

②水在体内起溶媒作用，溶解多种电解质。

③水在体内起运输作用，可以传递营养物质、代谢废物和内分泌物质（如激素）等。

④水有较高热导性和比热，可作为“载热体”在体内和皮肤表面间传递热量，有助于人体调节体温。

（7）膳食纤维 膳食纤维是一种多糖，它既不能被胃肠道消化吸收，也不能产生能量。因此，曾一度被认为是一种“无营养物质”而长期得不到足够的重视。然而，随着营养学和相关科学的深入发展，人们逐渐发现了膳食纤维具有相当重要的生理作用。在膳食构成越来越精细的今天，膳食纤维更成为学术界和普通百姓关注的物质，并被营养学界补充认定为第七类营养素。根据是否溶解于水，可将膳食纤维分为可溶性膳食纤维和不可溶性膳食纤维。

1）可溶性膳食纤维。其来源于果胶、藻胶、魔芋等。魔芋盛产于我国四川等地，主要成分为葡甘聚糖，是一种可溶性膳食纤维，能量很低，吸水性强。很多研究表明，魔芋有一定的降血脂和降血糖的作用及良好的通便作用；可溶性膳食纤维在胃肠道内和淀粉等碳水化合物交织在一起，并延缓后者的吸收，故可以起到降低餐后血糖的作用。

2）不可溶性膳食纤维。最佳来源是全谷类粮食，其中包括麦麸、麦片、全麦粉及糙米、燕麦、豆类、蔬菜和水果等。不可溶性纤维对人体的作用首先在于促进胃肠道蠕动，加快食物通过胃肠道，减少吸收，另外不可溶性纤维在大肠中吸收水分软化大便，可以起到防治便秘的作用。不可溶性膳食纤维对人体的功效如下。

①抗腹泻作用，如树胶和果胶等。

②在一定程度上预防某些癌症，如肠癌等。

③治疗便秘、解毒。

④在一定程度上预防和治疗肠道憩室病。

⑤辅助降低血液胆固醇和甘油三酯。

⑥辅助降低成年糖尿病患者的血糖。

2. 科学烹饪

食物含有营养元素，但是如何烹饪烹食物也是至关重要的，因为烹饪合理的食物对人体健康有益。有的食物在加工过程中，没有合理烹调，所以导致很多营养素被破坏。为了让人们能从食物中获得更多的营养，就应通过合理的烹调加工，把良好的色、香、味、形与营养素的保存兼顾起来，尽量减少营养素的损失，增进人体健康。

合理烹饪即科学烹饪。科学烹饪指在烹饪过程中，一方面要除去食物中原有的异味，使食物具有良好的色、香、味、形、质，满足人们感官的要求，达到促进食欲、利于消化吸收的目的；另一方面，在烹饪中应尽量设法保存食物中原有的营养成分，避免破坏。当然，烹调时也要做到充分加热，以消毒杀菌，保证食物无毒无害。

肉类的合理烹调。烹调肉类食品，常用红烧、蒸、炸、快炒等方法。其中以红绕、清炖，维生素B_1损失最多，达60%；蒸和油炸损失为45%；快炒仅损失13%。肉类中所含的维生素B_2，清蒸丸子损失为87%；红烧、清炖肉块损失40%；快炒肉丝仅损失20%。

米、面等主食的合理烹调。淘米时，随着淘米次数、浸泡时间的增加，米、面中的水溶性维生素和无机盐容易损失。做泡饭时，大量维生素、无机盐、碳水化合物甚至蛋白质溶于米汤中，如丢弃米汤不吃，就会造成损失。熬粥、蒸馒头加碱，可使维生素B_1和维生素C受到破坏。很多油炸食品，如炸薯条等，经过高温油炸，营养成分基本已损失殆尽。总之，在制作米、面食品时，以蒸，烙较好，不宜用水煮或油炸，以减少营养素的损失。

蔬菜的合理烹调。新鲜的蔬菜含维生素和无机盐较多，如蔬菜存放过久，则营养素会大量丢失。蔬菜宜先洗后切，烹调之前现切，这样可减少维生素的损失。切菜时一般不宜切太碎，可用手拉断者，尽量少用刀，因为铁会加速维生素C的氧化。炒菜时要急火快炒，避免长时间炖煮，而且要盖好锅盖，防止溶于水的维生素随蒸汽跑掉。炒菜时应尽量少加水，煮菜时应先将水烧开，然后再放菜。炖菜时在油中先加盐提高温度，或适当加点醋，既可调味，又可保护维生素C少受损失。做肉菜时适当加一点淀粉，可以保护肉中的蛋白质，使其不会变得过硬，既好吃又容易消化。

蔬菜含有丰富的水溶性B族维生素、维生素C和无机盐，如烹调加工方式不当，很容易被破坏而损失。如，把嫩黄瓜切薄片凉拌，放置2小时，维生素损失33%~35%；放置3小时，损失41%~49%。炒青菜时若加水过多，大量的维生素溶于水里，维生素也会随之丢失。胡萝卜含有大量的胡萝卜素，但它们只存在于细胞壁中，必须经过切碎、煮熟及咀嚼等方式，才能加以利用。另外，胡萝卜素是一种脂溶性物质，因此生吃或烧汤都不能吸收。胡萝卜泥的制作方法是将大块胡萝卜用少许油煸炒一下，放入锅中蒸熟，再捣碎后烹调。

（1）采用恰当的加工方法保存营养成分　我国地大物博，资源丰富，原料种类繁多，根据烹饪原料的来源，可分为动物性原料、植物性原料两大类。

1）生熟分开。有些原料可以洗涤后直接食用，如蔬菜、水果等；还有很多原料必须经过烹调加热才可以食用，如禽畜肉、水产品等。在烹调前的改刀程序中，一定将以上两类原料分开处理，因为生料（特别是动物性原料）在运输、储存的过程中可能会感染病菌或寄生虫，大多数细菌和寄生虫用高温（70℃以上）加热才能杀死。另外，还有一些原料要经过初步熟处理，这些初步熟处理的原料也要与生料分开放置，因为初步熟处理的原料在正式烹调时加热时间很短。所以，烹饪原料一定要分开洗涤，分开加工，这是健康的保障。

2）先洗后切。清洗原料是为了卫生，加工原料是为了便于烹调。先切可能更方便清洗，但切碎后的原料（主要指蔬菜）与水的直接接触面积增大，会使蔬菜中的水溶性维生素（如B族维生素、维生素C和水溶性纤维素）在洗涤的同时失去20%。要是先洗后切，这样维生素可保留90%以上。而且，先切后洗也会使蔬菜表面附着的细菌、药物或其他污染物，很容易从切菜的刀口进入菜内，反而更不卫生。另外，也不可将蔬菜长时间泡在水里，这样也会损失维生素。还有很多干制的烹饪原料，应根据干料的性质选择涨发方法、保存环境和时间，最大限度地保存原料中的营养成分。

（2）合理的烹调让菜肴有滋有味

1）烹调方法。中餐烹调方法多达20多种，每一种烹调方法都有其独特之处，都会使菜点呈现不同的特点。就拿炒来说，炒是将加工成细小形状的原料，用旺火少量油快速加热，边加热边放调味料、辅料，充分搅拌，使油、调味品与原料拌为一体而成菜的烹调技法。具有成熟时间短、入味快、保存更多的营养成分及原料本味的特点，是应用范围最广的一种烹调方法。另外，蒸操作方便，用油量少，还有些菜点不需要油，蒸的菜点原汁原味，保持本色；炖则是先用旺火烧开锁住原料内部营养素，如肉中的氨基酸，然后改用中小火使菜肴成熟入味。正确的烹调方法能使我们从菜点中获得更多的营养成分，保持身体健康。

2）调味。俗话说“五味调和百味香”，说的就是烹调时调味的重要作用。菜肴调味一般可分为加热前、烹调中和加热后三个阶段。加热前的调味也叫基本调味，就是某些菜肴在烹制前，先用调味品将菜肴原料腌浸一段时间，使味道渗透肌肉里，初步去除原料中的一些异味。烹调中的调味是决定菜肴正式口味的关键阶段。当原料下锅后，按照菜肴的口味要求，在适当时机，加入各种调味品，使其滋味渗入原料中。大部分菜肴的调味，都需经过这个阶段。加热后的调味是辅助性调味，是菜肴调味的最后阶段，如味精、鸡粉的加入，菜肴出锅前醋的烹入，还有作为炸制品、卤制品的佐食调味。调味不仅可以增进菜肴美味，还能去除原料异味。

3）勾芡。勾芡就是在烹制的最后阶段向锅内加入水淀粉，使菜肴汤汁具有一定稠度的调制工艺，也可以理解为一种增稠工艺。勾芡可以使汤汁变得浓稠，增加了汤汁的浮力，如汤羹类菜品的主料能浮在汤面上，使之更加突出。勾芡还可以使调味汁均匀地黏附在原料周围，提高人们对菜肴滋味的感受和汤汁绵厚的感觉。但勾芡时一定要准确掌握时机，必须在菜肴调准色和调好味及即将成熟时进行，勾芡后再调色、调味，调料很难均匀地被菜肴吸收，还会影响到菜肴的造型；勾芡过早，菜不熟，还容易粘锅焦煳；勾芡过晚，菜肴汤干质老，失去了勾芡的作用。此外，勾芡必须在汤汁沸腾时进行，使淀粉完全糊化变稠，还有芡汁的用量和稀稠度也会影响菜肴的质量。

（3）合理烹饪与营养 科学合理的烹饪方法不仅可以减少食物中的有害物质，促进食欲，还可以提高食物的营养价值，是儿童青少年健康成长的必要条件。烹饪方法主要有炒、炸、煎、炖、烧、蒸、汆、煮、烩、炝拌、烤等。每种烹饪手法对食物的营养价值、风味、口感、感官都有一定影响。合理的烹调加工方法有利于营养素的保留和吸收，故烹调加工过程中应注意下列几方面：

1）合理清洗。淘洗米时不要用力搓揉和用流水冲洗，更不要用热水淘米，质量较好的米可简单淘洗以减少水溶性维生素的流失。蔬菜要先洗后切不宜长时间在水中浸泡，以防止B族维生素、维生素C等水溶性维生素的损失。

2）科学加工。为减少原材料损失，蔬菜水果不宜切得过细，能切成大块的最好不要切成小块。另外，放置过久的蔬菜水果中亚硝酸盐含量增加，受空气、光线等因素影响，营养素降低。因此，现切、现烹、现吃最利于营养素吸收。

3）合理焯水。主要针对含草酸、植酸、鞣酸多的蔬菜，如苋菜、菠菜、菜花等含草酸多的蔬菜，草酸、植酸、鞣酸可抑制钙、铁的吸收，不利于青少年的成长，焯水后的蔬菜不宜挤去汁水，避免水溶性维生素大量流失。

4）有些菜肴可上浆挂糊。肉片、虾段、鱼块等原料用淀粉或鸡蛋上浆挂糊，烹调受热时表面形成保护外壳，使原料中的水分和营养素不致大量渗出和出现蛋白质的焦化及维生素的破坏等。不仅色泽好看，且吃起来汁多、肉嫩、味道鲜美，有宜于青少年增进食欲，减少营养素损失和利于消化。

5）有些菜肴可勾芡。蔬菜烹饪时可勾芡，减少维生素的损失，特别是淀粉中存在的谷胱甘肽，对维生素C有保护作用。

6）尽量放醋不放碱。做菜或煮粥时放碱会破坏食物中的维生素，因为多种维生素在酸性环境下比较稳定，而在碱性环境中易破坏。因此凉拌的菜肴，动物性菜肴加醋不但能保护维生素，还有杀菌作用。如煮骨头汤时，适当加些醋有利于骨中钙析出和吸收。国际卫生组织和中国膳食指南中提倡的低盐饮食，放少量的醋会使咸味增强，避免盐少时的口味过淡。

7）制作面食提倡酵母发酵。做面食时用酵母发酵可保护维生素不被破坏，在发酵过程中会产生维生素B_6、维生素B_{12}等B族维生素，同时还可破坏面粉中的植酸盐，有利于微量元素的吸收。

8）烹调油以植物油为主。某些多不饱和脂肪酸为人体生长发育与正常生活所必需，但不能为人体所合成，必须靠食物供给，故称为“必需脂肪酸”。必需脂肪酸包括亚油酸和亚麻酸，而亚油酸主要来源于植物种子油，亚麻酸来源于大豆油。橄榄油、核桃油、花生油、芝麻油、葵花子油、玉米油等都是适合的烹调用植物油。

9）烹调方法的选择。蔬菜类（除豆荚外），建议凉拌、蒸、急火快炒，均可减少营养素损失。胃肠道功能正常的青少年建议水果生吃，不必压榨成汁以减少营养素损失，肉类可炖、汆、煨、蒸、炒均可，不建议烧烤或油炸，避免烧烤油炸时产生苯并比、亚硝胺等有害物质。薯类不建议油炸，可炖、蒸、做汤、炒均可，因薯类中淀粉含量较高，如油炸可使其能量加倍，易导致肥胖。饺子建议蒸，不建议水煮，蒸饺营养素损失少。胡萝卜中的维生素A为脂溶性维生素，和油脂结合更利于人体吸收，炖肉、炒菜时放些胡萝卜均可。菠菜中草酸含量较高，食用前必先用沸水焯，再凉拌或和肉、菜等一起翻炒。

1.2 面点制作

我国面点百花齐放，风味独特，其重要的一点就是多种多样的风格特色争奇斗艳。我国幅员广阔、土地肥沃、物产丰富，中华各族人民不同的地理环境、不同的气候状态、不同的生活习惯，造就了面点制作的风味差异。自古以来，我国黄河流域、长江流域、珠江流域的人民饮食习惯就有明显的差异，“南米北面”的饮食生活一直是我国人民的习惯饮食方式。我国的面点制作，无论是在选料上、口味上，还是在制法上、风格上，都形成了各自不同的浓厚地方特色。作为一名合格的面点技师，首先必须制作本地区的传统风味面点品种。由于风味面点品种较多，这里只介绍有代表性的传统名点，以抛砖引玉。

1.2.1 淮扬风味面点

淮扬风味面点，系指江、浙、沪、徽、鄂一带地区所制作的面点。淮扬面点因处在富庶的鱼米之乡，经济繁荣，物产丰富，饮食文化发达，为制作多种多样的面点创造了良好的条件。面点制品具有色、香、味、形俱佳的特点，在我国面点发展史上占有重要的地位。

淮扬风味面点以米、面为主料，制作精巧，讲究造型，馅心多样，汁多肥嫩，注重工艺，风味独特，并随着季节性的变化和群众的习俗应时更换品种。在品种繁多的面点中，以软松糯韧、香甜肥润的糕团见长，且重视调味，馅心注重掺冻，口感顺滑。

1. 苏州面点

苏州面点以糕团为主，善用糯米粉、粳米粉，兼用莲子粉、芡实粉、绿豆粉、豇豆粉等。为了追求不同的质感风味，各种粉或独用，或按一定的比例混合使用。这样的制品或松或软，或黏或韧，给人以不同的口感享受。苏州糕团以甜味为主，糕中一般掺白糖、芝麻屑、松子仁，增香加桂花卤、玫瑰卤。糕的形状也较多，长条、方块、圆形、菱形、元宝形、驼蹄形，随品种而定，擅长糕模制作。苏州的汤团咸馅、甜馅兼有。鲜肉汤团、三鲜汤团为咸馅。枣泥汤团、豆沙汤团为甜馅。清明节时兴吃“青团”，用麦苗返青的嫩叶捣汁，拌和面团，“色如碧玉”。苏州面条也很有名，寒山寺所在地枫桥镇的“枫镇大面”，汤用猪骨、鳝骨加调料吊制而成，汤清味鲜，加之面条上盖有入口而化的大块红焖猪肉，备受顾客喜欢。苏州所辖的昆山市的“奥灶馆”供应的“奥灶面”已有一百多年历史，初名“懊糟面”，现已像方便面一样工业化生产。苏州船点更是著名，船点即象形点心，用面团加天然色素如菜汁、蛋黄、红曲等进行配色，捏制成植物如枇杷、桃子、荸荠及动物如小鸡、小鸟、孔雀、凤凰等，小巧玲珑，栩栩如生。这些象形面点最初是供泛舟游玩者享用的，故名“船点”，现在多用于高档宴席。

2. 扬州面点

扬州面点制作异常精致，主要表现在面团的调制，馅心的制作，包子的造型，面条的制汤等方面。

许多美食家凡品尝扬州面点之后，无不交口称赞“扬州面点清鲜与甘甜搭配，荤料与蔬素组合，蓬松与柔韧相辅，酥脆与绵软对成，口感良好，富有回味，而且形态小巧玲珑，使人喜爱”。详察扬州面点全貌，其擅长特色，总结有以下四点。

1）扬州酵面面点，讲究用酵，玲珑精巧，面馅配合，应时变更。发酵面团在清代就有很高的水平，《随园食单》记载“扬州发酵最佳，手捺之不盈半寸，放松仍隆然而高”，松软柔韧恰到好处。清高宗南巡在西园下院品尝的“梅花包子”，在造型艺术上与现代富春包毫无二致，如牙雕玉琢，娇小可爱，包子顶端呈梅花形，即行业所称的“鲫鱼嘴、荸荠鼓”。扬州包子精于酵肥、馅心相应，用肥，一用嫩酵，俗称“轻肥慢长”，具有松韧的特征，与馅配合能兜住卤汁，滋润可口；二用老酵，用老酵碰肥，松腥绵口吸附性强，与菜馅配合，去肥解腻，蔬香清幽，鲜爽色泽透皮。

2）扬州水调面点，馅心鲜浓，卤汁盈口，以汤包、蒸饺和烧卖为代表。扬州汤包皮薄如纸，汤汁烫鲜，清代扬州诗人林兰痴对灌汤包做了生动的描绘：“到口难吞味易尝，团团一个最包藏，外强不必中干鄙，执热须防手探汤”。汤包又大又烫，需咬一小口慢慢吮吸汤汁。冷则成冻，热则成汤的皮冻是关键所在。用猪肉皮加鸡汤熬制冷冻，切碎，以1：1掺入各式馅心，如虾仁、海参、蟹黄、鸡丁、火腿、豌豆苗等，汤包蒸熟皮冻自熔，汤馅合一，汤汁浓稠，味鲜粘口。烧卖以烫面擀成荷叶边皮，包入各式馅心，上端自然捏拢不收口，清代有人形象地称之为“鬼蓬头”。

3）扬州油酥制品，酥层清晰，脆香酥爽，食之不腻。有以酥层明晰取胜的盘香丝饼，有以包酥取胜的双麻酥饼，有以酵面皮酥取胜的黄桥烧饼。

4）扬州面条，筋道顺滑，小吃应时迭出。清代扬州民俗学家赋诗云：“不托丝丝软似绵，羹汤煮就合腥鲜。尝来巨碗君休诧，七绝应输此盎然。”不托即面条。扬州面条制面、做汤、浇头三个方面十分讲究。面条制作跳面采用方法，将水调面团放案板上，用大木杠一端固定，一端用人跳压，反复数十次，再切宽的叫裙带面，细的则叫银丝面。入锅煮制不糊，丝丝分清，有韧劲，将煮好的面条放入高汤中。用浓汤则用鱼汤（刀鱼、鲫鱼、鳝鱼）、骨头汤。用清汤则用虾子汤、鸡汤、蘑菇汤、豆芽汤。配上各式浇头，如虾仁、鳝鱼丝、肴肉、鸡丝等。

3. 杭州面点

杭州面点制作精细，在用料、成型方法、成熟方法、风味上均有特色。杭州是“东南形胜，三吴都会”，南宋时曾是都城。当时杭州的面点数以百计，影响极大。及至清朝，由于杭州风景秀丽、商业繁荣、人文辈出，加之游人如织、商贾如云，饮食文化依然发达，面点仍然保持着较高的水平。

清代杭州面点的品种相当丰富。在《随园食单》中，记有百果糕、鳝面、风枵、糖饼、金团等品种。在嘉道、同治时期钱塘人施鸿保撰的《乡味杂咏》中，更记有数十种杭州面点，主要有千层包、清汤面、凉拌面、雪里蕻笋丝面、面老鼠（面疙瘩）、馄饨等。此外，在吴敬梓的《儒林外史》中写到杭州西湖一带饮食店铺中出售的品种有馄饨、大馒头、面条、烧饼、蓑衣饼、烫面薄饼等。《儒林外史》虽是小说，但所写的面点中有生活依据。在其他的一些笔记中，也记有杭州的面点品种，如《清稗类钞》中，就记有“油灼桧”等。

风味上杭州面点有甜有咸，但甜品与苏州相比，似乎又淡些，喜加果仁增香；咸品与扬州相比，好像又略咸一些，亦追求清鲜之味。这与宋代汴京风味传入、南北口味交融有关。如被清代几种食谱收入的杭州名点百果糕，就是用糯米粉加松子仁、核桃仁等制成的，“其甜处非蜜非糖”，别有一番韵味。而咸味面点的馅心或浇头在制作时，也极少放糖，追求咸鲜，多依靠辅料本身的味道取鲜，如雪里蕻笋丝面，雪里蕻、笋丝自身就有一种清鲜、清香，加油、盐炒后，做面条的浇头，当然鲜美绝伦。

1.2.2 闽粤风味面点

闽粤风味面点泛指珠江流域及南部沿海地区所制作的面点。闽粤风味面点以广东地区最具代表性。广东地处亚热带，濒临南海，四季常青，特产丰富，可供食用的动植物种类繁多，蔬果丰茂，四季常鲜，给面点制作提供了广阔的天地。在面点制作中，广式风味面点在本地岭南米食制品的基础上，品种由不同的皮、馅料和技艺融合而成，并且善于运用荸荠、土豆、芋头、山药及鱼虾等作为坯料，吸收面点制作技法，制作出多种多样的面点。

闽粤风味面点富有南国风味。广东地处我国的南大门，唐代时，广州已与海外通商。广州面点制作者有机会借鉴西点制作技术，丰富了广式面点品种。擘酥是借鉴西点清酥面而成，清酥面是采用面粉和黄油和成油面，经过擀叠入冰箱冷冻而成。而擘酥则采用面粉和凝固猪油和成面团，经过擀叠也经冷冻，即用料中式化，制法西式化。

闽粤风味面点经过长期的实践与发展，到现在有品种达千种。按大类面点分为长期面点、星期面点、节日面点、旅行面点、晨点、中西面点、招牌面点。代表品种有叉烧包、蟹虾饺、千层酥等。广式面点也是应时迭出，如春季供应浓淡相宜的娥姐粉果、玫瑰云霄果等；夏季应市的有生磨马蹄糕、东皮鸭水饭、西瓜汁糕等；秋季是蟹黄灌汤饺、荔浦秋芽角等；冬季则有腊肠糯米鸡、八宝甜糯饭等。

闽粤风味面点典型品种有叉烧包、虾饺、莲蓉甘露酥、马蹄糕、娥姐粉果等。蚝油叉烧包是用叉烧肉作馅心主料，用蚝油及其他配料、辅料调制成馅，以面坯皮包制，蒸制而成。此叉烧包具有光滑绵软、富有弹性、颜色洁白、汁多味浓等特点。薄皮虾饺以澄面作皮，鲜虾肉拌笋丝、猪肉丝作馅心，特点是皮薄透明、色调美观、鲜美爽口。莲蓉甘露酥是以甘露酥面点作皮，莲蓉作馅心，经烤制而成，色泽金黄、油润、香滑松化可口。马蹄糕是用去皮马蹄为主料，加以其他配料搅成生熟浆，蒸熟成块，再用油两面煎成金黄色。

1.2.3 京鲁风味面点

京鲁风味面点，泛指黄河以北的大部分地区制作的面点。京鲁地处我国北方，它是我国小麦、杂粮等粮食的盛产地，所以特别擅长以面粉、杂粮为主要原料的各种面食的制作，代表了我国北方面点风格模式。京鲁风味面点，技术精湛，口味爽滑，应时应节，适应民俗。春天多以糯米、黄米、豌豆为原料，制作艾窝窝、黄米面炸糕、豆面糕等。夏天有小豆凉糕、凉面等。秋天有栗子糕、江米藕糕等。冬天有羊肉杂面、羊肉包等。

京鲁风味面点以北京为代表，具有用料广、品种多、制作精细等特点。京式面点是我国面点的重要组成部分，其代表品种较多并各具特色。北京为金、元、明、清的都城，现在是我国的首都。北京一直是全国的政治、经济、文化中心，人文荟萃，商业繁荣，饮食文化发达。这就为京式面点的发展提供了广阔的背景。北京民间以面食为主食的习俗，山东、河南、河北、江南面点的引进，各民族面点的交流，宫廷面点的外传，均促进了京式面点的发展。

京鲁风味面点具有用料丰富、品种众多、制作精致、风味多样、适时当令等特色。用料丰富，指京式面点以面粉为主，兼及杂粮，如豆、黍、粟、蛋、奶、果、蔬、薯等类。豆类经常使用的有黄豆、绿豆、赤豆、芸豆、豇豆、豌豆等，加上辅料、调料等，用料达上百种。京式面点有面条、馄饨、饺子、河漏、拨鱼、饽饽、饼、各式包子、各式烧卖等。京鲁风味面点品种多样，北京烧卖品种达数十种，如羊肉烧卖、三鲜烧卖、蟹肉烧卖、糯米烧卖、菜肉烧卖等。

京鲁风味面点制作精致。京式面点中的硬面饽饽“硬黄如纸脆还轻”，靠的是面点烘烤时的“炉火匀”。抻面可以抻得细如线，用抻出的细面条做成“一窝丝清油饼”（又称盘香饼），松脆可口。京鲁风味面点风味多样。京式面点还兼顾少数民族风味。而汉族风味中，又有地道的北京风味、山东风味、江南风味等。京鲁风味面点适时当令，京式面点供应应时迭出，如春季供应艾窝窝、豌豆黄，夏季供应冷淘面，秋季供应蟹肉烧卖、重阳糕，冬季供应羊肉汤面等。

京鲁风味面点馅心口味甜咸分明，极少甜咸混用。咸馅多用葱姜、黄酱、香油等香料，肉馅多用“水打馅”，不掺皮冻，吃口鲜咸而香，柔软松嫩。甜馅以纯甜为主，以果仁、果脯制作为主。

1.2.4 川湘风味面点

川湘风味面点指四川、湖南一带的风味面点。此地区面点，物产丰富，既擅长面食，又喜食米食，仅面条、面皮、面片等就有近百种。口感上注重咸、甜、麻辣等口味，地方风味十分浓郁。其品种花样多、质量高，价廉物美，供应面广，适应性强，如成都的赖汤圆、钟水饺、担担面、龙抄手、珍珠圆子、鲜花饼等。

四川面点取材广泛。所用的主要原料有米、面，还有豌豆、黄豆、绿豆、红薯、杏仁等。烹制技法多样，品种繁多。烹调方式有蒸、炸、烤、烘煎、炒、烩、煮、拌等十余种。汤面不仅有面条、面片等几十种，还有号称“四绝”的金（银）丝面，注意传统工艺。闻名遐迩的赖汤圆，选用上等糯米，按照严格的操作规程，浸泡、磨浆、制馅，再制成不同形状、不同风味的生坯。四川面点有多种复合口味，在咸、甜两种基本口味的基础上，以一味为主，他味为辅，巧妙配合，相得益彰，从而使味感多、变化大。甜味类面点有鲜甜馅料，还有芝麻、桃仁、枣泥和以桂花、玫瑰、茉莉、玉兰等调制的香甜味馅料。咸味类面点在咸鲜基础上，辅以火腿、金钩、香肠、榨菜、冬菜、菌类配制出丰富多彩的味型。

湖南面点用料广泛，取料讲究，做工精细，花样繁多。制法上以蒸、炸、煮见长。湘西、湘南等地多山，盛产麦、豆、薯、果、各类杂粮，擅长制作以面粉、豆类、薯类为主料的各种糕饼，多用烤、煎、烘、炸等烹调方法，成品以深黄色和红色为主，制作方便，讲究实惠。洞庭湖一带水产资源丰富，盛产稻米，以制作肉类、鱼虾、淀粉类小吃见长。食法上，喜干稀搭配，成品以软、嫩、鲜著称，名点有珍珠烧卖、椒盐馓子、德园包子、姊妹团子、和记米粉、常宁凉粉、土家族糯糍、灌肠粑、侗果等。

能够制作本地区的风味特色面点，这是最基本的技艺。制作面点的原理基本相通，制作面点的烹调方法与制作菜品的烹调方法相比，较为简单，特色鲜明，易于掌握，明白该面点的特色，再通过其他师傅的制作，就能制作不同地区的一些面点品种。

技能训练 1　淮扬风味面点——翡翠烧卖

翡翠烧卖是江苏地方传统名点。皮薄馅绿，色如翡翠，糖油盈口，甜润清香。

1. 原料

（1）坯料　精面粉500克。

（2）馅料　青菜叶2000克，绵白糖500克，火腿末100克，盐10克，食碱20克，熟猪油50克。

2. 操作过程

（1）制馅　将青菜叶择洗干净，放入加碱的沸水锅内，烫至三成熟后捞出，用冷水漂清，凉透，捞出控净水，剁碎，盛入盆内，撒上盐、绵白糖搅拌，加熟猪油拌匀即成馅心。

（2）调制面团　取面粉400克（另100克面粉留制皮时防粘用）放入面盆内，加入沸水120克，搅拌成半熟面，再用冷水50克揉匀，取出放案板上。

（3）生坯成型　面粉少许撒在案板上，放上面团搓成长条，分为40个剂子，拍扁，用枣核形擀面杖将其制成中间稍厚、边缘较薄、有褶纹并略凸起呈荷叶形的皮子。左手托起面皮，挑馅心放在面皮中间，随即五指合拢包住馅心，五指顶在烧卖坯的1/4处捏住，让馅心微露，并在烧卖坯口上点缀少许火腿末。

（4）成熟　放入蒸笼内，盖上盖，上锅蒸约5分钟装入盘中即成。面皮不粘手时即熟。

3. 操作关键

1）烫青菜叶的沸水中要加入食碱，以保持菜色碧绿。

2）和面团时要揉匀揉透。

3）蒸制时要旺火速蒸，蒸至面皮不粘手、表面有弹性时为佳。

技能训练2　淮扬风味面点——三丁大包

三丁大包是江苏传统名点。皮薄馅多，鸡肉鲜，冬笋嫩，猪肉香，油而不腻，甜咸可口。

1. 原料

（1）坯料　面粉600克，干酵母10克，泡打粉10克。

（2）馅料　净猪肋条肉500克，熟鸡肉75克，熟冬笋75克，虾子10克，酱油50克，绵白糖50克，水淀粉20克，葱8克，姜8克，料酒10克，鸡汤200克。

2. 操作过程

（1）制馅 将葱、姜洗净，放在容器内捣碎，加清水浸泡成葱姜汁。猪肋条肉放入沸水锅内焯水，捞出洗净，放入锅中，加满清水煮至七成熟捞出，待冷却后切成0.6厘米见方的丁。鸡肉、熟冬笋分别切成0.8厘米和0.5厘米见方的丁。炒锅置火上烧热，放入笋丁、猪肉丁、鸡肉丁煸炒几下，倒入料酒及葱姜汁，再放入酱油、绵白糖、虾子、鸡汤，用旺火煮沸，用水淀粉勾芡，待卤汁渐稠时起锅，即成三丁馅心。

（2）生坯成型 面粉加入干酵母、泡打粉、热水，调成团，发酵30分钟，即成发酵面团。将发酵面团搓成长条，摘成面剂，撒上少许面粉，逐个用手拍成边缘薄中间稍厚、直径为12厘米的圆形面皮，平放在左手心，挑入馅心放在面皮中间，用拇指按住馅心，使面皮自左向右转动，用右手捏成32道褶纹，收口捏拢成鲫鱼嘴、荸荠肚形，放入笼内。

（3）成熟 蒸笼上锅蒸12分钟，至包口湿润、包皮不粘手时，将三丁包装入盘中即成。

3. 操作关键

1）猪肋条肉要在沸水中焯去血污。

2）下剂、拍皮、包馅、捏褶要均匀。

3）入笼上锅蒸时要用沸水旺火，便于成品饱满。

技能训练3 闽粤风味面点——老婆饼

老婆饼是以糖冬瓜、小麦粉、糕粉、饴糖、芝麻等食材为主要原料制成的一种广东潮州地区的特色传统名点。

1. 原料

（1）坯料

1）水油面：面粉180克，熟猪油30克，白糖10克，清水60克。

2）干油酥：面粉120克，熟猪油75克。

（2）馅料 芝麻60克，糖冬瓜300克，白糖20克，糕粉80克，花生油20克，清水100克。

（3）辅料 鸡蛋液20克，花生油5克。

2. 操作过程

（1）制馅 芝麻放入锅中炒香，与糖冬瓜、糕粉、白糖、清水，搅拌均匀。

（2）面团调制 水油面制作：面粉加入熟猪油、白糖、清水和成水油面。干油酥制作：面粉加入熟猪油，调成干油酥。

（3）生坯成型 将水油面包入干油酥，擀成薄片，卷成卷，切成小段，擀成圆形坯皮，包入馅心，搓圆后，压扁成饼状，用刀在饼中心划一刀。鸡蛋液、花生油搅匀后，刷在饼面上。

（4）成熟 将生坯放入210℃烤箱烤约20分钟，饼面呈金黄色时，取出装入盘中即成。

3. 操作关键

1）馅心调制的含水量要符合要求。

2）坯皮大小一致。

3）要烤至成品色泽呈金黄色。

技能训练4 闽粤风味面点——掰酥鸡粒角

1. 原料

（1）坯料

1）蛋面皮：面粉300克，黄油50克，白糖25克，鸡蛋液75克，清水150克。

2）干油酥：面粉200克，黄油300克。

（2）馅料 鸡肉150克，小虾仁100克，笋丁25克，熟鸡肝丁50克，水发香菇丁25克，白糖10克，盐3克，生抽5克，味精3克，胡椒粉1克，芝麻油3克，料酒10克，清水80克。

（3）辅料 鸡蛋液50克，淀粉20克，花生油1000克（实耗80克）。

2. 操作过程

（1）面团调制 制作蛋面皮：面粉中加入黄油、鸡蛋液、白糖、清水和成蛋面皮。制作干油酥：面粉中加入黄油，调成干油酥，放入酥盘中再入冰箱冷藏，待干油酥凝固后取出。蛋面皮包入干油酥，折叠成四层，再入冰箱中冷藏，如此反复三次，即成掰酥皮。

（2）制馅 鸡肉切成小粒，与虾仁分别上浆后滑油，沥去油。锅置火上，放入花生油烧热，放入馅料的所有原料，煮沸后用水淀粉勾芡，起锅装入碗中。

（3）生坯成型 用模具压出圆形掰酥皮，放入馅心，捏成角形。

（4）成熟 锅复置火上，倒入花生油，烧至三成热时，放入生坯，炸至淡黄色时，捞出沥去油，装入盘中即成。

3. 操作关键

1）冷藏时要掌握好干油酥的硬度。

2）包捏时，收口要捏紧。

3）油炸时要掌握好油温。

技能训练5 京鲁风味面点——宝鸡豆腐包子

豆腐包子是宝鸡市著名的点心。以豆腐和其他配料做成包子馅，营养丰富，形如宫灯，拆如花瓣，皮绵面筋，馅嫩而鲜。

1. 原料

（1）坯料　小麦面粉600克，干酵母10克，泡打粉10克，白糖15克。

（2）馅料　豆腐450克，葱花100克，姜米10克，盐15克，味精10克，五香粉7克，菜籽油150克，辣椒油50克。

2. 操作过程

（1）制馅　将豆腐上笼蒸40分钟，出笼后切成小丁，放入盆内，加入姜米、葱花、盐、味精、五香粉、菜籽油，搅拌均匀成馅心。

（2）面团调制　面粉加入干酵母、泡打粉、白糖、适量温水，调均匀，放入醒发箱发酵30分钟。

（3）生坯成型　将面团搓条、摘剂，擀成圆皮，包馅，捏成灯笼状包子生坯。

（4）成熟　包子生坯放入蒸笼内，置旺火上蒸10分钟，取出装入盘中即成。

3. 操作关键

1）豆腐蒸后要去除大部分水。

2）包制后包子要形似灯笼。

3）蒸制时蒸汽要足。

技能训练6 京鲁风味面点——褡裢火烧

褡裢火烧是北京著名点心，因形似放钱的褡裢而得名。

1. 原料

（1）坯料　面粉500克，清水300克。

（2）馅料　猪后腿肉末350克，酱油35克，黄酱35克，葱花10克，姜米10克，芝麻油15克，盐3克，味精1克。

（3）辅料　花生油100克。

2. 操作过程

（1）制馅　猪肉末放盆内，加入调味品，拌和均匀成馅心。

（2）面团调制　面粉加入清水，揉成面团。

（3）生坯成型　将面团搓条、摘剂，擀成10厘米长、8厘米宽的坯皮，将其中一端的两角抻宽，放上馅心，将较窄一端的底边翻盖在馅心上，向上卷起，再将较宽一端的左右两边掀起，盖住开口，即成生坯。

（4）成熟　将生坯放入平底锅中，两面煎成金黄色后，起锅装入盘中即成。

3. 操作关键

1）面团调制成稍软的面团。

2）黄酱味较咸，注意馅心口味的调制。

3）煎制时，用电饼铛制作较佳。

技能训练7　川湘风味面点——龙抄手

龙抄手，是成都市著名的传统点心。抄手是四川人对馄饨的习惯叫法。

1. 原料

（1）坯料　面粉250克，鸡蛋1个，清水70克，盐少许。

（2）馅料　猪后腿肉250克，姜汁10克，盐5克，胡椒粉3克，鸡蛋1个，味精3克，芝麻油15克。

（3）汤料　鲜汤2000克，盐5克，味精5克，胡椒粉5克，熟鸡油5克。

2. 操作过程

（1）制馅　将猪肉用刀背捶蓉去筋，剁细成泥，加入盐、姜汁、鸡蛋、胡椒粉、味精调匀，掺入适量清水，搅成干糊状，加芝麻油拌匀，制成馅心。

（2）面团调制　面粉放案板上扒窝，放盐少许，磕入鸡蛋1个，再加清水调匀，揉成面团。

（3）生坯成型　面团用擀面杖擀成纸一样薄的面片，切成8厘米见方的抄手皮，包馅，叠成三角形后，再将两角交叉粘在一起捏成型即可。

（4）成熟　将生坯投入沸水锅中，煮至上浮后装入盛有调味料的热汤碗内即成。

3. 操作关键

1）面团调制时，要加入鸡蛋。

2）馅心要搅拌上劲。

3）抄手不宜煮太久，断生即可。

技能训练 8　川湘风味面点——担担面

担担面，是四川著名的地方传统面食小吃，据说源于挑夫们在街头挑着扁担卖面，因而得名。担担面是将面条煮熟，舀上炒制的肉末而成。面条细薄，卤汁酥香，咸鲜微辣，香气扑鼻，十分入味。

1. 原料

（1）坯料　面粉250克，鸡蛋1个，清水70克。

（2）调配料　猪后腿肉200克，熟猪油25克，黄酒15克，甜面酱10克，酱油60克，盐5克，红油辣椒25克，芽菜30克，味精3克，葱花15克，香醋15克，鲜汤250克。

2. 操作过程

（1）制臊　将猪肉剁成绿豆大小的颗粒。锅中放熟猪油烧热，放肉，炒干水分，加盐、黄酒、甜面酱、酱油（留少许），炒至酥香即起锅。

（2）面条调制　将面粉与鸡蛋加清水和成面团，用手工擀制成细韭菜叶面条。

（3）调味　将芽菜洗净切末，与酱油、红油辣椒、葱花、味精、香醋、鲜汤一起装于碗中。

（4）成熟　将面条入沸水锅中煮熟，分装于已调味的面碗中，浇上面臊即可。

3. 操作关键

1）面臊要炒至味香。

2）面团要调得硬一些。

3）面条现下现吃。

复习思考题

一、名词解释

1. 坯皮原料。
2. 可塑性。
3. 面筋。
4. 水调面团。
5. 澄粉面团。
6. 面点成型工艺。
7. 捏塑法。
8. 提褶捏。
9. 必需氨基酸。
10. 合理烹饪。

二、简答题

1. 简述面粉的质量鉴定。
2. 简述大米的质量鉴定。
3. 简述小米的功效。
4. 简述荞麦的功效。
5. 简述水调面团调制的注意事项。
6. 简述酵母发酵的原理。
7. 简述影响发酵的因素。
8. 简述油酥面团成团、起酥的原理。
9. 简述包酥的制作关键。
10. 简述擘酥面团的制作关键。
11. 简述蒸制的基本原理。
12. 简述蒸制的操作要领。

13. 简述煮制的基本原理。

14. 简述煮制的操作要领。

15. 简述油炸的基本原理。

16. 简述炸制的操作要领。

17. 简述煎制成熟的基本原理。

18. 简述油煎的操作要领。

19. 简述常见矿物质的生理功能。

20. 简述缺乏维生素的症状。

21. 简述水在机体内的功效。

22. 简述蔬菜的合理烹调。

项目 2

菜单设计与创新

- 菜单设计与创新
  - 宴会菜单设计
    - 宴会菜单设计知识
    - 菜点搭配知识
  - 面点创新
    - 面点原料选择知识
    - 面点制作工艺知识
    - 地方风味特色知识
    - 饮食文化与风俗知识
    - 技能训练1　不同服务对象面点菜单
    - 技能训练2　不同宴会主题面点菜单
    - 技能训练3　四季面点菜单
    - 技能训练4　创新面点——奶油虾仁戟
    - 技能训练5　生日宴用的面点——寿桃包
    - 技能训练6　婚宴用的面点——四喜卷子
    - 技能训练7　欢迎宴用的面点——佛手酥

宴会是人们为了社会交往的需要，根据预先计划而举行的群体聚餐活动。

宴会具有聚餐式、计划性、规格化和社交性的特点。它不同于日常的一日三餐，它是一种社会存在，是社会团体、企事业单位、寻常百姓之间交往时常见的礼遇活动形式，是人们生活中的美好享受，是社会物质文明与精神文明程度的标志。群体聚餐形式是丰富多彩的，不能简单地以某一种形式来代表所有的宴会形式。从设计的角度看，任何宴会设计都是有计划性的。摆酒席、请客吃饭，不论是在饭店举办，还是在自己家里举办，都需要计划怎么宴请的问题。

宴会被人们广泛地应用于社会交往的方方面面。但由于宴请的目的、规格、形式、时间、礼仪、风俗等不尽相同，因而宴会种类繁多。依宴会的菜式分类有中式宴会、西式宴会、中西合璧宴会；依宴会性质与接待规格分为国宴、正式宴会、便宴、家宴；依食品属性与用餐形式分为冷餐酒会、鸡尾酒会、茶话会；依宴请目的或宴会主题可分为婚宴、生日宴、节庆宴、庆典宴、谢师宴、商务宴、尾牙宴、仿古宴等。

在餐饮企业经营活动中，宴会是餐饮企业重要的营业项目与利润来源，是餐饮企业形象的窗口，是餐饮企业管理水平与特色的集中体现。

2.1 宴会菜单设计

宴会菜单设计是随着宴会活动的需要而发展的。宴会菜单设计是先于宴会活动之前的规划，是保证宴会活动能够圆满实现既定目标的前提。所以，没有无目的性的宴会活动，也没有无目的性的宴会设计活动。宴会设计是主要依赖人的心智能力即思维能力来完成的。

2.1.1 宴会菜单设计知识

宴会菜单是餐饮企业开展宴会经营活动的基础，集中反映了餐饮企业经营理念、经营特色和经营水平，是沟通消费者和餐饮企业之间最直接的桥梁。重视宴会菜单设计，是餐饮企业宴会经营走向成功的关键一步。宴会菜单的基本功能是向顾客提供宴会菜品的信息。对顾客而言，宴会菜单开列的菜品，就是选择食用的菜品。对于宴会经营者而言，宴会菜单的含义绝非如此简单。它是餐饮企业宴会运行系统中的关键性节点。所以，准确地说，宴会菜单是经过精心设计的反映宴会膳食有机构成的菜单。

厨师们在制作宴席菜品之前，需要事先设计好菜单，这样在宴席的制作过程中才能有序，制作好的宴席才能达到最佳效果，让消费者满意，让餐厅经营见成效。

1. 宴会菜单设计的作用

（1）确定宴席的主题 可根据客人订宴的不同目的，即宴席的不同性质来设计宴席的主题。如婚宴可以设计成“龙凤呈祥席”“和和美美席”“百年好合席”“鸳鸯戏水席”；寿宴可以设计成“寿比南山席”“五福临门席”“延年益寿席”；商务宴可以设计成“天府之国席”“鸿运当头席”“祝君好运席”；朋友聚会宴可以设计成“八仙过海席”“一帆风顺席”“前程似锦席”；家宴可以设计成“平平安安席”“天天大顺席”“满堂春色席”等。不同档次的宴席，可将头菜的主料用来作为宴席的主题，如“海参席”“鲍鱼席”等。另外，如果是全席，可将所选用的主要原料作为宴席的主题，如“全羊席”“全鱼席”“豆腐席”等。

（2）确定菜品的数量

1）根据宴席的不同档次，确定菜品数量。一般宴席菜品数量在18道以内，其中冷菜2~4道，约占10%；热菜6~10道，约占80%；小吃1~2道，约占10%；汤1道。中档宴席菜品数量在25道以内，其中冷菜4~6道，约占15%；热菜8~12道，约占70%；小吃2~4道，约占15%；汤1~2道。高档宴席菜品数量在30道以内，其中冷菜6~10道，约占20%；热菜10~15道，约占60%；小吃4~8道，约占20%；汤2~3道。

2）根据宾客的不同情况，确定菜品数量。如所宴宾客是体力劳动者、年轻人或男士，在菜品数量上就要求比脑力劳动者、小孩、老人或女士多一些，这样才能满足他们吃得好、吃得饱的要求。宴席中还讲究喜事逢双、丧失排单、庆婚要八、贺寿重九等。

（3）确定菜品的原料 宴席中菜品的原料，一般随档次的升高，而更加讲究。一般宴席多用猪肉、牛肉、普通的鱼鲜、四季时蔬和粮豆制品，常有10%的低档山珍或海味充当头菜或主菜；中档宴席多用鸡肉、鸭肉、猪肉、牛肉、羊肉、河鲜、蛋奶、时令蔬菜水果和精细的粮豆制品，有25%的山珍和海味；高档宴席多用动植物原料的精华部分，山珍和海味约占45%。

在菜品的原料设计过程中，要注意一般宴席的冷菜、热菜、小吃的主料不能重复，只是冷菜中的主料和热菜中的某个菜品的主料可以重复；中、高档宴席的每个菜品主要原料都不能重复，以保证整个宴席选料的多样性。在菜品原料的设计中，要注意整个宴席菜品原料的荤素搭配，既要有富含高蛋白、高脂肪的肉类食品，也要有富含维生素的蔬菜、水果，并适当配一些豆类、菌类、笋类、薯类原料，尽量符合现代人的平衡膳食要求。

（4）确定菜品的味型 一般宴席冷菜、热菜、小吃的味型不能重复，只允许冷菜中的味型和热菜中的某味型重复。中、高档宴席，除了咸鲜味可重复5次左右，甜香味可重复3次左右外，其余的味型都不能重复，以确保整个宴席中菜品味型的多样性（汤和水果不在其内）。

一般来说，宴席中菜品的味型，会随档次的升高，而更偏重清淡和原汁原味。另外，在设计菜品味型的时候，还应当注意现代营养学提出的“低糖、低盐、低脂肪”等方面的要求。同时，还要考虑季节和地域，正所谓“春多酸、夏多苦、秋多辛、冬多咸”和“南甜、北咸、东辣、西酸”。

（5）确定菜品的烹饪方法 一般宴席多为家常菜式，制作简易，烹饪方法多为炒和烧。中档宴席多由地方名菜组成，调理精细，重视风味特色。高档宴席常配有知名度高的特色菜，注重原汁原味，花色菜品和工艺大菜占有很大的比重。总的来说，菜品的烹饪方法会随宴席档次的升高，而更有难度。在整个宴席菜品的烹饪方法中，要求不能有两次以上的重复。

宴席菜品确定了原料、味型和上菜的顺序，就已基本确定了菜品的烹饪方法。如第二道酥香菜，多为炸、烤，第三道二汤菜，多采用煮、烩等。

（6）确定菜品的器皿 一般宴席对器皿不是很讲究，冷菜多用圆盘，热菜多用条盘或窝盘，汤菜则用汤窝，不牵强别扭就行。中档宴席，餐具要求整齐，使整个席面显得有档次。高档宴席的餐具则要求华丽珍贵（镀金、镀银），使整个席面恢宏大气、气势非凡。

较正规的宴席一般选用成套餐具，即一个颜色、一种花样，只是大小和形状不同的器皿。

（7）确定菜品的名称 一般宴席的菜名朴实无华，讲究实惠，多以主料或主辅料等命名。中档宴席的菜名比较雅趣别致。高档宴席的菜名典雅，文化气息浓郁，以意境、菜品的象征意义或美好的祝福等命名。另外，不同性质的宴席，对菜品的菜名亦很讲究，如婚宴的菜名要喜庆、甜美；寿宴的菜名要围绕“寿”等。

（8）确定主食、水果、茶水、酒水和饮料 主食，根据宾客的特殊要求而定，如水饺、面条等。水果，多用时令的鲜果，档次高的宴会，则会选用贵的、少见或进口的。茶水，除了宾客有特殊的要求，多为餐厅准备。酒水和饮料，一般由宾客自点或自带。如果宾客没有特殊要求，在设计菜单的时候，需要根据宴席的档次和人数，把酒水和饮料考虑进去。

总的来说，宴席菜单的设计，绝不是几个菜品的简单拼凑，而是一系列食品的艺术组合，是要讲究方法的。如果设计出完善的宴席菜谱，便是一件艺术品。

2. 宴会菜单设计的原则

（1）以顾客需要为导向的原则 在宴会菜单设计中，需要考虑的因素很多，但注重的中心永远是顾客的需要。顾客需要什么和怎样才能满足顾客的需要，是设计宴会菜单过程中必须贯彻落实的基本原则。

1）要了解顾客对宴会菜品的目标期望。顾客在饭店里举办宴会的目标期望各不相同，有的讲究丰足实惠，有的意在尝鲜品味，有的注重养生营养等。要通过宴会菜单设计，想顾客所想，增强菜品对顾客的吸引力，实现顾客对宴会菜品的目标期望。

2）要了解顾客的饮食习惯、喜好和禁忌。出席宴会的客人各有不同的生活习惯，对于菜肴的选择，也各有不同的喜好。如在同一个地区的人，既有共同的饮食习惯、喜好和禁忌，但也因职业、性别、体质、个体饮食经历的不同而有差异。对于不同地区的人而言，口味喜好的倾向性差异更大，如川湘人喜辣，江浙人偏甜，广东人尚淡，东北人味重。不同民族与宗教信仰的人饮食禁忌各不相同。因此在菜单设计前，要了解这些情况，将客人的特殊需要和一般需要结合起来考虑，要把宴会主要客人与一般客人的需要兼顾起来。这样菜单上的菜品安排，会更有针对性，效果更好。

3）要适应饮食潮流的变化。设计宴会菜单时，要及时跟进饮食潮流的变化，把市场流行且顾客喜欢的新菜品充实到菜单中去。开发新的宴会产品，满足顾客尝新逐奇的消费心理。

（2）服务宴会主题的原则 人们举办宴会有这样或那样的目的，主要是表达某种愿望，如欢迎、答谢、庆功、祝寿、联谊、合作等，因而宴会的主题便有不同。宴会主题的不同，反映在宴会菜单中，其菜品原料的选择、菜品造型、菜品命名取意等方面也有区别。如扬州人举办婚宴，不用炒四季豆这个菜，其谐义与人们祈求婚姻美满、幸福长久的意愿相违背；又如“松鹤延年”冷盘适合寿宴。故宴会菜单要为宴会主题服务，要围绕宴会主题进行设计。

（3）以价格定档次的原则 宴会价格的高低，是确定宴会菜单菜品档次高低的决定性因素，是宴会菜单设计的根本原则。宴会价格的高低与原料的选用、原料的配比、加工工艺的选用、菜品造型等因素相关。如价格标准高的宴会，其所用原料价高质优。配料时多用主料，不用或少用辅料。加工烹制方法也可能不同，以鸭子为例，高档宴会把它做成烤鸭，普通宴会可能把它做成红烧鸭块。价格标准高的宴会要选用精致的餐具，菜肴造型也美观得多。相反，价格标准越低的宴会可使用一般原料，并且增加配料的数量，用普通餐具装盛菜点，降低成本。

（4）数量与质量相统一的原则 宴会菜品的数量是指组成宴会的菜品总数与每份菜品的分量。一般来说，在总量一定的情况下，菜品的道数越多，每份菜的重量就越少；反之道数越少，每份菜的重量就越多。宴会菜品数量的多少应与参加宴会的人数及其需要量相吻合。在数量上，一般以每人平均能吃到500~600克净料，或以每人平均能吃到1000克左右熟食为基本标准，把握菜品数量还应考虑下列因素。

1）根据宴会类型确定数量。不同宴会类型，在不同的地区、不同的人群中形成了约定俗成的数量规定。如国宴菜品的道数大致是1道冷菜、4道热菜、1道点心、1道水果。有的地区的婚宴有8道冷菜、4道热炒、8道大菜、2道点心、1道水果的约定。一般的商务宴会是1道冷菜、6道热菜、1道汤、3道点心、1道水果。虽然宴会菜品的道数没有一定的规定，但从目前餐饮企业经营宴会的情况来看，在10~13道菜品之间的居多。

2）根据出席宴会的对象确定数量。出席宴会的对象群体，对宴会菜品的数量需求是有差别的。一般情况下，青年人比老年人食量大，男性比女性食量大，重体力劳动者比轻体力劳动者食量大。因此，宴会菜品数量的多少，要根据参加宴会群体的总体特征进行有针对性的设计。

3）根据顾客提出的需要确定数量。由于举办宴会者的目的不同，请客的意义情境不同，在菜肴数量上也会有不同的要求。一般的宴请，要求数量充足。高档的宴请，要求少而精。以品尝为目的，要求菜品的道数多一些，其数量少一些。以聚餐为目的，既要求菜品道数多一些，也要求其分量大一些。宴会菜品数量标准是相对的，但质量是绝对的。数量多了，特别是批量制作菜品时，不代表应该降低要求。无论菜品数量多少，菜品质量都不应该降低标准。

（5）膳食平衡的原则 从食用角度来看，宴会提供的是一餐的膳食。所以，膳食平衡必须落实到宴会的设计中。

1）必须提供膳食平衡所需的营养素。宴会菜品是由多种原料烹制而成的，其种类是否齐全，品质是否优良，数量是否充足，比例是否合理是特别重要的，直接影响食物营养对人体的效用。要在菜单设计中，以科学的膳食营养观来编排菜品，改变以荤菜类菜肴为主的旧模式，增加蔬菜、粮食、豆类及其制品、水果类原料的使用，提供膳食平衡所需的各种营养素，达到合理营养、节约食物资源的目的。

2）采用合理的加工工艺制作菜品。宴会菜品应该是美味与营养的统一体，既可口诱人，同时又含有多种营养素，能被人体消化吸收。在编排宴会菜品组合时，要从营养的角度，从原料的性状、原料的选用、加工烹调方法等方面进行考虑。要设计合理的加工工艺流程，使美味性与营养性统一于菜品之中。

3）要从顾客实际营养要求的角度设计菜品。顾客对宴会营养需要的期望是因人而异的，不同性别、不同年龄、不同职业、不同经济状况、不同身体状况的顾客，对营养素的需求量是不尽相同的。一般来说，宴会菜品的营养设计，不是针对某一顾客个体，而是针对群体的基本需求，从总体上把握膳食平衡和营养的合理性。

（6）以实际条件为依托的原则 宴会菜单设计是建立在市场原料供应、餐饮企业生产设备和厨师技术水平等条件上的。

1）市场原料供应是宴会菜单设计的物质基础。市场上都供应哪些原料品种？不同季节有哪些时令品种原料？其品质价格水平如何？能否及时保障供应？这些都是在设计前需要充分了解掌握的情况。如果货源及原料品质不稳定或没有把握时，尽量不要列入菜单，以免在需要时发生缺货或无法使用的问题。

2）餐饮企业的生产设施设备是满足宴会菜单设计的必要条件。菜品的生产需要配备相应的设施设备，设备条件不同，适合生产的菜品及产量是不一样的。在进行宴会菜单设计时，要根据设备，充分发挥设备的功能，选择与其功能相匹配的菜品。

3）厨师和服务员的技术结构、技术水平是决定宴会菜单设计的关键性因素。有原料，有设备，还必须具备有技术的厨师，才能生产出所需要的菜品。菜品质量是宴会菜单的生命线，厨师的技术水平是菜品质量的保证。在宴会菜单设计时，必须根据厨师队伍的技术结构与技术水平的实际状况，选择厨师能够保证制作的质量较优的菜品，编排到菜单中去。菜品的制式和服务员的服务能力是紧密联系的，菜肴准备时间及服务时间太长的菜品不适宜编入大型宴会菜单中。

（7）风味特色鲜明的原则 宴会菜单设计必须彰显自己的风味特色。如果菜单上的菜品是人有我也有的，那是没有特色的菜单，是没有多少市场号召力的。菜单上的菜品不仅要做到人有我有，更要做到人无我有。要让顾客既能感觉到，又能实际体验到，不仅要赞赏它，还要折服于它。风味特色鲜明并不是说宴会菜单上的菜品，每一个都是特色菜、品牌菜，设计成名菜荟萃式。而首先是要有主线，要靠主线将所有的菜品事先串起来；其次是要分主次，次要的是铺垫，体现的是多样性；主要的是亮点，亮点要光芒四射，突显的是精彩性。

（8）菜品多样化的原则 宴会菜单直接体现的是菜品的有机联系，这种联系最基本的特征就是和而不同。换言之，在宴会菜单设计时要从不同的方面去选择菜品。首先要求原料多样化，这是菜品多样化、膳食平衡的基础。其次要求加工方法多样化，要从刀工、原料配制、制熟调味方法等方面对原料进行多种加工处理。这样才能形成菜品风味的多样化。最后要求菜品在色彩、造型、香味、味道、质量等感观质量方面的多样化。

3. 宴会菜单的菜品设计

（1）确定设计目标 宴会菜单的目标状态，是由一系列的指标构成了完整的指标体系。

1）确定宴会的性质。要制订宴会菜单，必须确定该宴会的价格、宴会的主题及菜品风味特色几个方面的内容。如在春暖花开季节，某餐饮企业承接了每席1888元人民币的结婚宴会的预订，共60桌。该宴会菜单的设计可以这样表述。

①宴会的主题是结婚喜宴，对宴会菜单设计乃至整个宴会来说皆是特别重要的。

②婚宴的规格，宴会的价格。每席1888元人民币，是该宴席的档次，对宴席菜单设计是关键性的因素，它与宴会菜品或菜点成本、餐饮企业的利润直接联系在一起，并涉及每一个菜点的安排，也涉及顾客对这一价格水平宴会菜品的期望。

③风味是淮扬风味。全国有四大菜系，川菜、鲁菜、粤菜、苏菜，菜品制作成什么风味，由顾客自定，菜系规定下来，菜单才能运用该菜系的菜品。淮扬风味是此宴席的倾向性风味特征。

2）确定宴会菜单项目。宴会菜品由冷菜、热菜、甜菜、点心、水果等组成，各部分菜品组成的数目与数量，与每部分菜品的荤素比例及占整个宴会成本的比例组成等有关。一般宴会的各部分组成有这么几种。

①冷菜。又称凉菜、冷盘、头盘等。常见的有什锦拼盘形式，有6~8个单盘形式，有6~8个单盘对拼或4~6个三拼的形式，有主拼带6~8个围碟的形式，有各客冷拼的形式等。荤素比例为4∶1、3∶1及2∶1不等。冷菜占整个宴会菜品的10%~20%。

②热菜。热菜是由热炒和大菜组成。热炒菜一般是小料型、短时间加热、快速烹制，多以8~10寸（直径26~33厘米）盘盛装的菜品。其上席道数以2~4道为常见。在大型宴会菜单设计时，热炒菜应少用或不用。大菜多以大料型的原料烹制而成，盛装在大盘或大汤碗中上席。大菜中也有小料型原料，它相较于大料型略小而已。大菜一般为6~10道。在传统宴会大菜中特别强调头菜的作用。头菜是标志宴会档次的大菜，大都以高档原料制作而成，作为第一道菜上席。其次是烧烤菜，如金陵烤鸭等菜肴，多作为第二道大菜上席，跟配面点和二汤。素菜占整个热菜的20%左右，热菜占整个宴席的70%~80%。

③甜菜。这是宴会菜品中具有独特个性的一类菜品，以其香甜的味型独树一帜。多数情况下，甜菜1道，亦有2道的，上2道甜菜的则是一汤一干的形式。甜菜多错杂于热菜中上席。

④点心。除点心全席外，点心在宴会菜品中占的分量不是很大，通常为2~4道。宴会菜品还常安排主食，即面条、饭粥等食品。如烤鸭泡饭、板桥炒饭等。点心占整个宴会菜品成本的5%~10%。

⑤水果。水果有1道以拼盘形式上席，亦有1~2种水果直接上席的形式。水果占整个宴会菜肴的1%~2%。

（2）确定宴会菜品的名称与菜品编排格式

1）确定宴会名称。宴会名称简称宴名，宴名的确定应遵循主题鲜明、简单明了、名实相符、突出重点的原则。

①喜宴类宴会的名称。有的很朴素，不加装饰，有的则采用比拟的方法加以命名，如婚宴，称为“百年好合宴”“龙凤呈祥宴”等；如寿宴中的六十寿宴，称为“千秋宴”等；升学宴有“谢师宴”“庆功宴”等。

②商务宴会的名称。这类宴会名称有的比较夸张，以迎合生意人图吉利、讨个好头彩的心理，如“生意兴隆宴”“万事如意宴”“恭喜发财宴”等。

③风时节令宴会的名称。一般都比较简朴、直截了当，如“新年招待会”“除夕宴”“重阳宴”“上灯宴”等。

④特色宴席名称。为了表现特色，显示风格，这类宴会名称响亮。有的突出名特原料、名菜和地方特色，如“鲍翅席”“乳猪宴席”“全鹅宴”“刀鱼宴”“西安饺子宴”“板桥

宴”“长鱼宴”等。将古代有特色的宴会及名人参加的宴会与文明相融合的访古宴会，一般都比较直接明了，如“红楼宴”“满汉全席”“随园宴”等。

宴席名称种类较多，命名方法多种多样，或俗或雅，或谐或庄，或直或巧，或简或繁，各呈风采。但无论确定什么样的宴席名称，都应与宴会主题、宴会特色相符合，名实相符。

2）确定宴会菜品名称。菜品名称的确定原则是雅俗得体，名实相符。其命名方法有调料＋主料的命名方法。如蒜泥龙虾、剁椒鱼头。烹调方法＋主料的命名方法，如清炒鲜贝、醋熘鳜鱼。主料＋配料＋调料的命名方法，如麻酱香菜鹅肫、糟卤彩椒螺片。人名或地名＋主料的命名方法，如东坡肉、麻婆豆腐。质感＋主料的命名方法，如香酥鸭、脆皮乳猪。器皿＋主料的命名方法，如地锅鸡、砂锅鱼头。隐喻式命名方法，这种方法是根据宴会主题，利用菜肴点心某些方面的特征，借助于谐音、比喻、夸张、借代、附会等文学修辞手法，为菜肴点心拟构与宴会主题相契合的名称。这些名称往往含有祝福、祈福、吉祥、喜庆、兴旺等意思，说起来顺口，富有情趣性，令人产生联想，有舒心怡情的感觉。如恩恩爱爱（金瓜芋泥）。

宴会的菜肴名称既要质朴大方，也要讲究优雅动听，以增加宴席气氛与质感。但命名时应尽量避免采用怪异名称设计菜名，故弄玄虚或词不达意，甚至低级趣味的名称反而适得其反。

3）确定菜品名称的字数。

①顺其自然，字数不一。菜单中字数不等，有3个字的，有4个字的，有5个字的，菜名的长短，一切以菜名的相适性为佳。

②整齐划一，字数相等。菜名字数整齐划一，字数相等。

4）确定菜目编排顺序与样式。

①菜目编排的顺序。宴会菜单中的菜目排列，是按两种顺序方式编排的。一种方式是按照菜品上席的顺序依次排列。这种编排方式，对顾客而言，知品味顺序，知节奏调节，对生产与服务而言，便于按照次序运行，不致错乱。另一种方式是兼顾菜点的类别和上席先后顺序编排的，如冷菜、热菜、甜菜、点心、水果的排列顺序。

②菜目编排的样式。呈现给顾客的宴会菜单，很讲究菜目编排样式的形式美。其总的原则是醒目分明、字体规范、不易误读、匀称美观。

中餐宴会菜单中菜目的编排有横排和竖排两种。竖排有古朴的韵味，横排更适合现代人的识别习惯。菜单字体与大小要合适，让人在一定的视读距离内，一览无余，看起来疏朗分明，整齐美观。更要特别注意字体风格、菜单风格、宴会风格三者的统一。

2.1.2 菜点搭配知识

菜肴的搭配组合历来是宴席的核心，较受重视，但点心的配置，人们只是从口味、口感上考虑较多，在其科学配置上则较欠斟酌。宴席点心注重款式和档次，讲究造型和配器，玲珑精巧，观赏价值高。

宴席的菜与点要求配套，口味丰富，形态多样，同时又必须具备营养。每制订一个宴席的菜单，都要运用现代营养学的观点和平衡膳食的原理，既要发扬我国传统宴席特色，又要提高菜点的营养水平，这就要求美食家们在设计宴席时，要更好地考虑面点在宴席中的作用，面点不仅可以丰富宴席的内容，同时还可以调剂口味，增加营养，活跃气氛，合理科学地掌握面点与宴席的配置。

宴席点心的安排：一般安排2~6道，随大菜、汤菜一起编入菜单，品种多样，烹调方法多样。点心上席顺序：一般穿插于大菜之间上席。配置席点要求：一要少而精，二须闻名品，三应名师制作。

在制订宴席菜单中的面点品种时，应注意以下几方面。

1. 根据宾客的饮食习惯配备面点

在配备宴席面点时，首先通过调查，了解宾客的国籍、民族、宗教、职业、年龄、性别、体质及嗜好忌讳，并据此确定品种。也就是说，应了解宾客的饮食习惯。我国幅员辽阔，气候、物产与风俗差异较大，因此，各地相应形成了自己的饮食习惯和口味爱好。总体来讲，“南米北面”。南方人一般以大米为主食，喜食米类制品，如米团、米糕、米饼、米饭等。面点制品讲究精致、小巧玲珑、口味清淡，以鲜为主。北方人一般以面食为主，如馒头、饺子、面条等，喜食油重、色浓、味咸和酥烂的面食，口味浓醇，以咸为主。各少数民族由于生活习惯、饮食特点各不相同，对主食面点也各有自己的特殊要求。如朝鲜族主食大米，喜食冷面条，过节或喜庆的日子喜食打糕。

2. 根据设宴的主题配备面点

不同的宴席有着不同的设宴主题，宴席配备面点时，应尽量了解宾客的要求与设宴的目的，以便恰当地精选面点品种。举办婚宴应选择与宴席主题、规格相一致的品种，如“大红喜字”“龙凤呈祥”“紫燕双飞”“合欢花”“并蒂莲”“鸳鸯莲藕”等象形图案的裱花蛋糕或船点制作，以及“鸳鸯盒”“莲心酥”“鸳鸯包”“子孙饺”等象形面点品种，以增加喜庆气氛。又如寿席，可选择配备“寿桃饺”“寿桃包”“寿桃酥”“伊府寿面”等品种，还可以精心制作一些如“松鹤延年”“寿比南山”“南极仙翁”“麻姑献寿”等大型象形图案的面点品种。这类设计紧扣宴席主题，使宴席面点的配备贴切、自然。

3. 根据宴席的规格档次配备面点

宴席面点的质量差别取决于宴席的规格档次。宴席的规格有高档、中档、普通三种档次，因此，宴席面点的配备也有三档之别。高档宴席一般配面点六道，其用料精良、制作精细、造型别致、风味独特。中档宴席一般配面点四道，其用料高级、口味纯正、成型精巧、制作恰当。普通宴席配面点两道，其用料普通、制作一般，具有简单造型。面点只有适应宴席的档次，才能使席面上菜肴质量与面点质量相匹配，达到整体协调一致的效果。

4. 根据本地特产配备面点

我国面点的品种种类繁多，每个地方都有许多风味独特的面点品种，在宴席中配备几道地方名点，既可领略地方食俗，增添宴席的气氛，又可体现主人的诚意和对客人的尊重。在宴请四川宾客时，就应该配备四川特色面点。

5. 根据季节配备面点

一年有四季之分，宴席有春席、夏宴、秋宴、冬饮之别。不同的季节，人们对饮食的要求不尽相同，所谓“冬厚、夏薄、春酸、夏苦、秋辣、冬咸”，依时令不同而异。宴席面点的配备要依据季节气候变化对口味的影响，选择季节性的原料，制作时令点心。如春季可做豆苗鸡丝卷、春卷、鲜笋虾饺等；夏季可做马蹄糕、冻糕、绿豆糕、荷花酥等；秋季可做蟹黄汤包、葵花盒子、栗蓉瓜脯、菊花酥、芋角等品种；冬季可做腊味萝卜糕、萝卜丝饼、梅花酥、牛油戟、八宝饭等品种。在制品的成熟方法上，也因季节而异，夏、秋多用清蒸、水煮或冷冻，冬、春多用煎、炸、烙、烤等方法。

6. 根据菜肴的烹法不同配备面点

一桌宴席通常运用不同的烹法，使菜肴显现出一定的特色，宴席面点的配备应根据具体菜肴的烹法所形成的特色选择合适的面点品种，如烤鸭、烤鸡、片皮乳猪等烤制菜肴常配备烙、煎的面点品种；清蒸鳜鱼、鲫鱼及汤类、红烧等菜肴常配制蒸制类酵面品种。

7. 根据面点的色、香、味、形、器、质、养等特色配备面点

（1）色的组配　在整桌宴席中，菜与菜之间色调配合富于变化，面点与菜肴之间色彩也需要互相衬托，否则千篇一律，显得单调呆板。面点品种可分为单色面点与多色面点。单色面点以本色自然色为主，讲究清新素雅、简洁自然。如水调面的洁白莹亮、发酵面的暄白松软、油酥面的酥白透香。多色面点注重色彩的调和搭配，讲究色调和谐、五彩缤纷。如花色面点的色泽自然，苏式船点的象形逼真等。在与菜肴搭配时，应以菜肴的色为主，以面点的色烘托菜肴的色，或顺其色或衬其色，使整桌宴席菜点呈现统一和谐的风格。

（2）香的组配　点心的香气成分极其复杂，一种点心的香气成分有几十种乃至上百种之多。制作面点的原料有皮坯原料、馅心原料、调辅原料、食品添加剂四类。皮坯原料有面类、米类和杂粮类，在熟制过程中，成品散发出面香、米香与杂粮的香气，特别是烘烤面点时，由于发生美拉德反应和焦糖化反应，产生了很多诱人的香味物质如丁二酮、异戊醛、丙酮醛、糖醛等。在馅心原料中，蔬菜含有壬烯乙醛、乙烯乙醛、姜酚、水芹烯等香气成分，

特别是蕈类中含有辛烯-1-醇、香菇精等香气成分，香味更加浓郁。肉类原料中含有的乙硫醇、呋喃酮及不同种类和数量的不饱和羰基化合物、含硫化合物等形成了肉香。水产品原料中的鱼、虾、蟹、贝、参等含有的鲜香味、干果蜜饯原料的果香味及鲜花原料的花香味等构成馅心的混合香气。另外，在制坯、制馅的过程中还常使用调辅原料及食品添加剂，调辅原料中的油脂、蛋品、奶类等原料可以直接增加或便于形成制品的香气成分；食品添加剂中的主香剂、助香剂及定香剂可直接赋予面点品种以特定的香气。但在宴席面点的配备时，应以面点的本来香气为主，并能以衬托对应菜肴的香气为佳。

（3）味的组配　面点按口味分咸、甜、咸甜三种，按馅心原料分菜馅、肉馅、菜肉馅、糖馅、果仁蜜饯馅等。面点的口味变化可通过馅心种类的变换表现出来。即使是同一种口味的馅心，也可通过变换制成不同种类的面点，如咸味馅可制成三鲜馅、猪肉馅、鱼肉馅、虾蟹馅等；甜味馅可制成枣泥馅、莲蓉馅、芝麻糖馅、豆沙馅、椰蓉馅等。如果在变换馅心的基础上，改变坯皮原料，又可形成水调、发酵、油酥、米粉等四大面团风味品种。但在宴席面点的配备中，一般情况下，应该是咸味菜肴配咸味面点，甜味菜肴配甜味面点。

（4）形的组配　面点的形根据分类标准不同，而呈现多样性，一般情况下常以成品外观分为自然形、几何形、象形形态三种。在自然形中，有饭、粥、糕、团、饼、条、粉、包、饺、羹、冻等之分；在几何形中有长、方、圆、扁等之别；象形形态更是品种繁多，生动鲜明，常做成花、鸟、虫、鱼、兽、山、景等造型，食用性与欣赏性的有机结合，更增添了宴席的气氛。近年来，我国面点造型技艺发展迅速，除主体面点的造型外，更发展了辅助性美化工艺。在宴席面点中，对一些造型上没有明显特色的品种，可选择色泽鲜明、便于塑形的可食性原料装饰衬托，或围边或点缀，常见的手法有裱花、澄面捏花、粉丝花、炸蛋丝、糖活儿等。在宴席面点的配备中应坚持以食用为主的原则，采用恰当的造型，紧扣主题，衬托菜肴，美化宴席。

（5）器的组配　器的选择要符合面点的色彩与造型特点，并对菜肴起烘托映衬作用。面点器皿中，白瓷器显得纯净，蓝花瓷器显得素雅，红花瓷器显得热烈，银质器皿显得富丽，漆器皿显得高贵，玻璃器皿显得冰清玉洁，但都应该是色调和谐，大小相宜，与整桌宴席的杯、盘、碟、碗、盅、锅（火锅、砂锅、气锅）等相互映衬，交错使用，否则会影响整桌宴席的形态美观。

（6）质的组配　质指面点的质地，即老、嫩、酥、软、脆、烂、硬、滑、爽、粗、细等，它是由面团本身的性质和多种熟制方法相结合运用而形成的。如锅贴、油煎包底部焦黄带面花，又香又脆，上部柔软色白，油光鲜明，形成一种特色风味。荷花酥、鸳鸯酥盒外脆里酥、色泽淡黄、层次分明，不碎不裂。再如蒸包、蒸饺吃口松软，馅心鲜嫩多卤，味道醇正，形态美观。宴席菜点的质感多样化，既可体现宴席的精心制作程度，又带给人们美的享受。

（7）养的组配　宴席面点的成本仅占整桌宴席的5%~10%，面点有2~6道不等，单个分量通常不超过20克，其选料、加工制作时除注重单份面点品种营养搭配外，还应考虑与整桌宴席营养素的数量、比例是否协调。宴席是以荤素菜肴为主，但必须配备面点品种，以帮助人体消化吸收。

8. 根据年节食风配备面点

如果举办筵席的日期与某个民间节日临近，面点也应该做相应的安排。如端午节前，粽子制品即可应席；清明节配食青团（亦名翡翠团子）；中秋节配食月饼；元宵节配食汤圆、元宵；春节配食年糕、春卷、饺子、面条等。

如广东的一个寿宴菜单：

松鹤延年（冷盘）
八仙海参（八珍海参）
福禄临门（百合鲍片）
鹤发童颜（烤鸭）
蟠桃盛会（黄瓜虾仁）
鹤寿松龄（炒鸽松）
吉庆有余（清蒸加吉鱼）
四世同堂（时蔬扒四宝）
合家幸福（全家福汤）
子孙满堂（大小寿桃）
寿比南山（松糕拼摆造型）
万寿无疆（伊府寿面）

2.2　面点创新

几千年来，我国烹饪技艺的传承和发展主要以师带徒的培养模式为主，这种模式为我国烹饪事业做出了巨大贡献。创新思想是烹饪教育发展的持久动力，面点创新是每个好面点师必经的一个连续性过程。因此面点创新在烹饪教育中占有十分重要的地位。商汤《盘铭》中有“荀日新，日日新，又日新”，当今烹饪工作者应秉承这一精神，对烹饪艺术不断挖掘、探索、求新。面点创新是指在面点生产过程中，使用了新原料、新方法、新工艺、新工具等创造出了与原有面点品种不一样风味特征的具体面点品种。

面点创新，必须掌握基本的原料选择、面点制作工艺、地方风味特色、饮食文化等方面的知识，再进行创新。

2.2.1 面点原料选择知识

面点原料选择是面点工艺学中的首道工艺环节，它是面点正式烹调的前提和基础，原料品质的优劣，会影响面点的质量。通过对原料的品质、品种、部位、卫生状况等多方面的综合挑选，使其更加符合食用和烹调要求。选料的任务首先是保证食用，这是最基本的要求，同时还要满足人们的美食的需求，也就是说保证菜品达到色、香、味、形的质量要求。通过对原料的选择，提供合理的营养物质，保障食用的安全性，保证面点造型和色彩的需要，使原料风味更加突出，利于原料的加工处理，利于烹调的要求。对原料的选择鉴定主要以感官鉴定为主。所谓感官鉴定就是凭借人体自身的感觉器官，对烹饪原料的质量状况做出客观的评价。通过用眼睛看、鼻子嗅、耳朵听、口品尝和用手触摸等方式，对烹饪原料的色香味形和外观形态进行综合性的鉴别和评价。

感官鉴定也是食品质量和卫生检测中经常采用的方法之一，与其他鉴定方法一样具有法律效应。感官鉴定的内容主要是通过原料的色彩、品种、部位、气味、成熟度、完整度等方面进行选择鉴定，从中区分出优质、次质的原料品种。

（1）新鲜果蔬原料的选择 主要从色泽、外观两个方面来进行选择，应选择色泽鲜艳、光泽度好等感官性能好的果蔬原料。果蔬外观形态应饱满而完整，无干瘪、破裂现象。果蔬原料一般质地细嫩，含水量高，容易受到损伤。

（2）动物原料的选择 现代厨房一般都选择经过初加工的动物净料，选择时主要通过颜色、弹性、气味、清洁等几方面进行鉴别。新鲜的动物原料有光泽、肉色红润、有弹性、无异味、无杂毛及内脏残留物。家禽的品质鉴定，一是肥度：家禽的肥度分3个等级；二是新鲜度：家禽的新鲜度是通过对家禽的嘴部、眼部、皮肤、脂肪、肌肉及制成的肉汤的感官反应而检验确定的；三是老嫩：家禽老嫩主要通过看和捏胸骨、喙根、皮肤、脚等部位。

1）鱼类的检验标准。新鲜的鱼，鱼鳞发光，紧贴鱼体不易脱落，鱼鳃鲜红，鱼体表面有一层清洁、透明的黏液，鱼体发硬有弹性。不新鲜的鱼，鱼鳞无光泽，鱼鳃暗红，鱼体黏液增多，透明度下降，鱼体发软，腹部胀大。

2）虾的检验标准。新鲜的虾，虾体完整，有弯曲度，肉质紧实。虾头与虾身距离越远越不新鲜。

3）家畜肉新鲜程度鉴别。

①外观：新鲜肉的外观表面有一层微微干燥的表皮，呈淡红色；新切开的肉面稍有湿润

而无黏性，肉汁透明，并且有家畜肉的特有光泽。不新鲜的肉表面有一层风干的暗色表皮，有时附有黏液，有时为霉菌所覆盖；切面色泽发暗，潮湿而有黏性，肉汁较混浊。腐败的肉表面过分干燥或过度潮湿和发黏，呈灰色或绿色，常生霉；切面为暗色，有时为淡绿色或灰色，很黏，肉汁很混浊。

②硬度及弹性：新鲜肉的切面肉质紧密有弹性，用手指按压，凹陷处能迅速复原。不新鲜肉的肉质松软，弹性小，用手指按压，凹陷处不能迅速复原，有时不能完全复原。腐败肉的肉质松软无弹性，用手指按压，凹陷处不能复原，严重时肉粘手指。

③气味：新鲜肉具有各种家畜肉的特有气味。不新鲜肉的表面稍有氨及酸味，但深层中，还没有这种气味。腐败肉表面及深层均有浓厚的腐败臭味。

④脂肪：新鲜肉的脂肪无油腻味，牛的脂肪呈白色、黄色或淡黄色，质硬，并可用手捻为碎块。猪的脂肪为白色，有时略发红，柔软。羊的脂肪为白色，质硬。不新鲜肉的脂肪呈灰色，无光泽，用手挤压易粘手，有时发霉并有轻微的酸败味。腐败肉的脂肪带乌灰色或乌绿色，生霉，表面黏滑，质软，有强烈的油脂酸败味。

2.2.2 面点制作工艺知识

任何一门工艺在人类的文明史上总是在不断向前发展的。面点制作工艺也一样，经过多年的发展，取得了长足的进步。特别是近些年来，发展尤为迅速，主要表现如下。

1. 面点的造型

现代面点造型要求生动、形象，引人注目，为造型加分的是面点色彩的搭配。协调的色彩搭配能够使面点的造型和形态更加美观漂亮，使面点散发独特的魅力。中式面点的形状一般通过坯皮、面团等形式表现出来，中式面点师擅长瓜果、虫鱼、鸟兽、花卉及其他造型的面点制作，促使面点食用价值及感染力等方面得到有效提升。中式面点造型优美，可以带给人们艺术方面的享受，同时能够创造良好的经济效益。在选用题材时应该充分根据环境及时间等因素，选择形象简洁、人们喜闻乐见的造型，如鸳鸯、蝴蝶、玉鹅、白兔、金鱼等。应该对形象关键特征进行充分把握，以生活为基础对适合面点的艺术造型充分提炼。可以借助几何法、添加法、变形法、夸张法、省略法等手法，塑造形象生动且造型简洁的中式面点。如裱花蛋糕中，用月季进行装饰的过程中，在不削弱月季特征的前提下减少几片花瓣；采用夸张法处理金鱼的尾部与眼部；通过几何法制作蝴蝶卷；通过对称图形法处理蝴蝶身上的复杂图案等。

2. 面点的馅料

中式面点要制作出美观的造型，得到良好的风味，首先应当在制作原料方面下功夫，因为面点最主要的功能就是供人们食用，所以面点的味道是主要方面，而造型是锦上添花。对面点造型影响比较大的是面点的馅料，好的馅料能够使面点的造型更加挺括、美观。如扬州面点中的“荠菜烧卖”，其外皮清晰透明，烹饪成熟后，通过透明的外皮能够清楚地看到绿色的馅料，大大增加了面点给食客带来的视觉冲击力。

3. 面点的烹调

中式面点传承和发展至今，种类繁多、造型各异，并且面点艺术一直在不断地创新发展。中式面点的烹调技艺多样，通过煎、炸、蒸、煮、烤、烙等不同的烹调方法，使面点能够展现不同的造型、不同的烹调技艺，使同样的面点在色泽、形态、味道上展现不同的饮食魅力。

中式面点讲究色香味俱全，其中“色”正是食品的色泽，由此可见色彩搭配在面点制作过程中的重要性。在运用色彩的过程中，应将天然、绿色的食物色素运用到面点的制作中。目前，在食材的选择上也有朝纯天然方向发展的趋势。

4. 制作丰富的粗粮面点

在时代不断发展过程中，人们的生活条件得到充分改善，开始从穿得暖、吃得饱不断向穿得好、吃得精转变，对食品的要求持续提高。当前，人们主要食用精加工处理的精细面与米，虽然此类精加工食物口感细腻，但过度加工导致营养流失，部分营养成分摄入不足，因此人们越来越注重饮食中粗粮的添加。中式面点也应该创新粗粮使用方式，采用红豆、黑豆、玉米面及其他高营养价值食材开展面点制作，将粗粮搬上餐桌，充分提高面点口感层次和品种的丰富性，促进中式面点持续发展。

5. 注重食品安全

食品安全直接关系到消费者的生命安全。因此，在中西式面点的制作过程中不仅要讲究食材的卫生性和安全性，更重要的是要保障其健康性，消除对消费者身体的负面影响。如果人们长期食用高糖、高脂肪、高热量的食物，会引起过度肥胖、血压血糖升高等。目前，人们的膳食追求荤素搭配、营养均衡，对有害的食品添加剂处于零容忍的态度，消费者不再一味追求口感和味蕾的刺激，而是更注重面点的成分和含量是否有利于消化和营养吸收。我国面点制作标准已开始与国际接轨，在引入先进烘焙手段的同时也坚持向往自然、返璞归真的健康理念，做到使消费者吃得满意、吃得放心。

2.2.3 地方风味特色知识

中国面点制作选料严格，品种繁多，形味俱佳，是我国劳动人民长期生活经验的积淀，是辛勤劳动和聪明智慧的结果。我国各地面点制作有如下特点：

（1）选料严格　不同面点品种，选用不同原料。同一面点品种，选用同一原料时，也应注意原料因产地、季节、部位的不同而有所区别。制作肉包选用的面粉就有标准粉、普通粉之别；亦有低筋粉、高筋粉之异。在充分考虑价格因素外，尽量选用优质面粉。制作用的蔬菜，因季节不同，有粗老细嫩之别。冬天制作的青菜包子，与春夏之交的青菜包子，其风味不一样。制作肉馅的猪肉，由于部位不同，其风味也不一样。制作猪肉馅，宜选用前夹猪肉为佳。若选用猪颈肉、猪后臀肉，其口感风味都达不到质量要求。

（2）品种繁多　我国幅员辽阔，物产丰富，为面点制作提供了丰富的原料。我国人口众多，有56个民族，各地气候条件不一，生活差异较大，因而我国面点的品种繁多。1983年，中国财政经济出版社出版的一套《中国小吃》，就记载有两千多个品种。1997年12月，首届全国“中华名小吃”认定活动在杭州举行。活动期间宣布了经评审认定的360个小吃品种名单。如北京的豌豆黄、芸豆卷、艾窝窝等；天津麻花、狗不理包子等；河北省的香汉肉饼、棋子烧饼；山西省的一窝酥、稍梅（烧卖）；东北的水饺；上海的菜肉馄饨；江苏的三丁大包、蟹黄汤包、苏式糕团；浙江的粽子、汤圆等；安徽的银丝卷；山东的盘丝饼、海鲜水饺；河南的薄饼酱肉；湖北的三鲜豆皮；广东的叉烧包、马蹄糕；四川的龙抄手、担担面、赖汤圆、钟水饺；新疆的馕等，都是很有名的面点品种。同一个包子，因馅心不同，而使包子品种达数百种之多，如鲜肉包、菜肉包、干菜包、三丁包、蟹黄包等。同为馄饨，有三鲜馄饨、鲜肉馄饨、虾仁馄饨、菜肉馄饨之分。同为烧卖，有糯米烧卖、翡翠烧卖、虾肉烧卖、鲜肉烧卖、羊肉烧卖等。北方人喜吃饺子，有“好吃不过饺子”之说。饺子因馅心不同，有猪肉馅饺子、韭菜肉馅饺子、白菜馅饺子、茴香馅饺子、大葱肉馅饺子等。

（3）讲究馅料　馅料是制作馅心的原料。馅心制作的好坏，对制品的色、香、味、形、质都有影响。中点制作的馅料比西点馅料要丰富。西点馅料其原料主要是果酱、奶油、牛奶、巧克力等。而中式面点馅料广泛选用禽肉、畜肉、鲜虾、蟹贝、杂粮、蔬菜、水果、干果、蜜饯等。凡制作菜肴的原料，一般都可用作馅心原料，但选择时有严格讲究。如猪肉馅，宜用夹心肉，牛肉馅宜选用腰板肉，鱼肉馅宜选用鱼刺少的鱼，如青鱼、鳜鱼等。制馅时根据面点的质量要求，将原料加工成丁、粒、蓉等。有些面点要求馅心要硬一些、干一些，如花式面点。皮薄或油酥制品及某些油炸制品一般采用熟馅。各地肉馅要求不同，如苏式面点肉馅掺皮冻。

（4）重视调味　我国地域辽阔，各地风味有很大的差异。所谓“南甜、北咸、东酸、西辣”。在风味层面上，面点主要有京式、苏式、粤式之别。在民族层面上，有各民族的区别。在文化层面上，有家常、餐馆经营类面点之别。面点与菜肴相比，调味的方式相对要简单一些，主要是馅心的调味。近年来，面点馅心的口味，在继承传统的基础上有所创新。出现了借鉴菜肴制作的麻辣味、怪味、鱼香味等味型的馅心，使面点调味上了新的台阶。遵守“适口者珍”的原则，如糯米烧卖馅中，加入松子仁、杏仁末，增加了馅心香味。将西餐中的巧克力、黄油等加入面点制作中，使中式面点在借鉴中提高品位。

（5）技法多样　我国面点花样繁多与面点制作技法多样分不开的。家庭主妇、专职面点厨师的智慧形成多种多样技法。如包、卷、捏、伸、切、削、拔、叠、摊、擀、按、钳花、镶嵌等。

（6）造型面点，千姿百态　面点的一般品种，如包子、烧卖、饺子、馒头等讲究大小一致，皮薄馅多，但造型面点却千姿百态。特别是面点中的象形点心——船点，通过面团调制，色彩搭配，综合成型，捏塑成各种象形动物、植物，形态逼真，栩栩如生。《红楼梦》中刘姥姥称赞精致面点为“乡里最巧的姐们，剪子也不能剪出这么个纸的来”。

2.2.4　饮食文化与风俗知识

1．中国饮食文化

中国饮食文化，由于特定的经济结构、思维方式与文化环境，形成了自身鲜明的特色，即艺术倾向，主要表现在以下五个方面。

（1）选料精良　选料是厨师的首要技艺，是做好菜肴的基础，要具备丰富的知识和熟练的技巧。每种菜肴所取的原料，包括主料、配料、辅料、调料等，都有很多讲究和一定之规。概而言之，则是“精”“细”二字，即孔子所说的“食不厌精，脍不厌细”。所谓“精”，指所选取的原料，要考虑其品种、产地、季节、生长期等特点，以新鲜肥嫩、质料优良为佳。所谓细，指烹调工艺，精工细做。

（2）刀工细巧　刀工即厨师对原料进行刀法处理，使之成为烹调所需要的整齐一致的形态，以适应火候，受热均匀，便于入味，并保持一定的形态美，因而是烹调技术的关键之一。我国早在古代就重视刀法的运用，经过历代厨师的反复实践，创造了丰富的刀法，如直刀法、片刀法、斜刀法、剞刀法和雕刻刀法等。把原料加工成片、条、丝、块、丁、粒、蓉、泥等多种形态和丸、球、麦穗花、蓑衣花、兰花、菊花等多样花色，还可镂空成美丽的图案花纹，雕刻成喜、寿、福、禄字样，增添喜庆宴席的欢乐气氛。特别是刀法和拼摆手法相结合，把熟料和可食生料拼成艺术性强、形象逼真的鸟、兽、虫、鱼、花、草等花式拼盘，如“龙凤呈祥”“孔雀开屏”“喜鹊登梅”“荷花仙鹤”“花篮双凤”等。

（3）火候独到　火候是形成菜肴风味特色的关键之一。但火候瞬息万变，没有多年实践经验很难做到恰到好处。因而，掌握适当火候是我国厨师的一门绝技。我国厨师能精确鉴别旺火、中火、微火等不同火力，熟悉各种原料的耐热程度，熟练控制用火时间，善于掌握传热物体（油、水、汽）的性能，还能根据原料的老嫩程度、水分多少、形态大小、整碎厚薄等，确定下锅的次序，加以灵活运用，使烹制出来的菜肴，要嫩就嫩，要酥就酥，要烂就烂。火候是烹调中很重要的事，同时也是较难把握和说明的事。而一位烹饪者能否成为名厨，火候乃其关键，所以厨师在操作时，积一生之经验、悟己身之灵性，充分发挥自己细微的观察体验能力和丰富的想象能力，进行饮食艺术的创造。所谓运用之妙，存乎一心，真是“得失寸心知”了。

（4）烹调技法多样 常用的技法有炒、爆、炸、烹、熘、煎、贴、烩、扒、烧、炖、焖、氽、煮、酱、卤、蒸、烤、拌、炝、熏等，以及甜菜的拔丝、蜜汁、挂霜等。不同技法具有不同的风味特色。每种技法都有几种乃至几十种名菜。著名的“叫花鸡”，以泥烤技法，扬名四海。云南“过桥米线”，是氽的技法杰作。

（5）五味调和 调味也是烹调的一种重要技艺，所谓“五味调和百味香”。关于调味的作用，据烹饪界学者的研究，主要有以下方面：去除原料异味；无味者赋味；确定菜肴口味；增加食品香味；赋予菜肴色泽；杀菌消毒。调味的方法也变化多样，主要有基本调味、定型调味和辅助调味三种，以定型调味运用最多。所谓定型调味，指原料加热过程中的调味，能够确定菜肴的口味。基本调味在加热前进行，属预加工处理的调味。辅助调味则在加热后进行，或在进食时进行。

总之，调味调得恰到好处与否，除了调料品种齐全、质地优良等物质条件以外，关键在于厨师调配得是否恰到好处。对调料的使用比例、下料次序、调料时间（烹前调、烹中调、烹后调），都有严格的要求。必须做到一丝不苟，才能使菜肴达到要求的风味。

2. 中国饮食风俗知识

饮食风俗是人类饮食文化中的社会性规定和约定俗成的社会行为。我国自古注重饮食养生，素有“民以食为天”之说。中华民族食俗内容很丰富，各民族所处的地理环境，历史进程及宗教信仰等方面的差异，使他们的饮食习俗也不尽相同，构成了中华民族食俗庞大纷繁的体系。食俗一般包括日常食俗、年节食俗等，经常反映在一些典型食品中。

（1）礼仪与食俗 自远古时期开始，我国各民族都喜欢把美食与节庆、礼仪活动结合在一起，年节、生丧婚寿的仪式和宴请活动是表现食俗文化风格最集中、最有特色、最富情趣的活动。年节的起源与历法、重大历史事件和历史传说有关，有固定的庆贺日期，有特定的主题和众多人参加。在节日里，通过相应的食俗活动加强亲族联系，调整生活节律，表现人们的追求、期望等心理、文化需求和审美意识。如每年农历五月初五端午节，人们都要吃粽子，用以寄托对屈原的深切怀念。又如旧时以农历七月七日为乞巧节，届时人们要用乞巧果（各种雕花果、花瓜、花点等）供奉牛郎织女，向织女星乞求女工之巧，表现人们对勤劳、聪慧美德的崇尚。还有过年吃饺子、汤圆、年糕，中秋吃月饼等都表达了人们对合家团聚、亲人安康的美好祝愿。少数民族传统节日期间的酒食更是丰富多彩，都备有丰盛的节日食品，如满族的饽饽、壮族的粽子、水族的鱼包韭菜等。还伴有各种形式的娱乐活动，如云南彝族的阿细跳月、景颇族的目瑙纵歌、蒙古族的那达慕、傣族的泼水、赛龙舟等，均是寓娱乐于美食之中的食俗活动。生活中的生丧婚寿是部分人之间的礼仪活动，虽规模范围并不似年节活动那样广泛，但却更多地反映出人生的礼俗、浓厚的乡土色彩。在汉族地区设宴一般讲究“逢喜成双，遇丧排单，婚庆求八，贺寿重九”。

（2）交往与食俗　一个地区的食俗并不是一成不变的，民族间、地区间、国家间的交往，经济的发展，科技的进步都推动着食俗的演变。过去东北部各地的汉族，许多是山东人和河北人。在开发东北的过程中，由于所处环境的变化，逐渐改变了过去以玉米面、面粉为主食的习惯，也开始以高粱米水饭为主食。又如居住于松花江上游和长白山北麓的满族先民， 大部分以渔猎为生，清王朝建立后，满族大举进入中原，加强了与其他各族人民的交往和联系，大部分满族人原有的食俗发生了巨大的变化。在清代，宴请活动中最早流行的满席或汉席，互相影响融合，形成了一种新的宴席——满汉全席；另一方面许多满族特有的食品，如饽饽也被其他民族所吸收。

技能训练 1　不同服务对象面点菜单

1. 小朋友聚餐时的面点菜单

小朋友对新鲜点心较为感兴趣。宴席中一般点心为两道，多者为四道，可设计这些品种：奶黄蛋挞、蛋糕杯、冰皮虾黄饼、蟹黄烧卖、带子酥、酥皮大虾、虾饺等。

2. 中年人聚餐时的面点菜单

中年人聚餐较注重营养、保健方面等。宴席中一般点心为两道，可设计这些品种：椰蓉紫薯球、小窝窝头、马齿苋菜包、文楼汤包、藕丝饺、鸡皮百合饺等。

3. 老年人聚餐时的面点菜单

老年人一般牙口不太好，对面点要求是软、烂、嫩等。宴席中一般点心为两道，可设计这些品种：五仁包、翡翠菜包、豆腐皮小包、荠菜烧卖、三鲜馄饨、枣泥拉糕等。

技能训练 2　不同宴会主题面点菜单

1. 西安饺子宴—龙凤宴菜单（婚宴）

油酥寿桃	四喜临门	天花群味	八宝拜寿	金钱鱼肚	五彩缤纷
御膳墨珠	双鱼戏饺	糖醋玉香	肉笋蒸饺	香菇玉兰	麻酱鲍鱼
燕窝汤	香菇里脊	鸡米番茄	干贝煎饺	花边莱菔	冬蓉蒸饺
虾仁蒸饺	海三鲜	蚕豆香	甲鱼蒸饺	冬笋山鸡	丹顶翡翠
绣球干贝	童鸡双味	望天豆蓉	碧海藏珍	精制水饺	太后火锅

2. 江苏南京什色点心宴菜单（同事聚会宴）

烫 干 丝　蟹壳黄烧饼　花色小点　薄皮小包　鳝 鱼 面　蟹黄笋酥
茼蒿烧卖　灌汤蒸饺　笋肉鲜包　蟹黄汤包　水晶肉包　虾 肉 包
雪 笋 包　三 丁 包　生 肉 包

技能训练3　四季面点菜单

1. 春季菜单

冷菜：八色单盘

热菜：炒凤尾虾仁，糟熘塘鱼片，扒酿海参，九珍鳜鱼，裹烧蚕豆，浓汁鱼唇

点心：芦蒿锅贴，荠菜春卷

汤：浓汤鲃鱼

主食：清炒刀鱼面

水果：草莓水果拼盘

2. 夏季菜单

冷菜：八色单盘

热菜：红酥鳝排，碧毓流霞，荷香糯米骨，三鲜海参，芙蓉海底松，金银扣蹄，玉米仔排

点心：酥油饼，冬瓜烧卖

汤：苦瓜老鸭汤

主食：蛋炒饭

水果：西瓜水果拼盘

3. 秋季菜单

冷菜：八色单盘

热菜：贝蓉丝瓜，白果牛蛙，橄榄芋，清蒸大闸蟹，金蹼裙边，大煮干丝

点心：水晶栗蓉卷

汤：扁笋老鸭汤

主食：板桥炒饭

水果：哈密瓜水果拼盘

4. 冬季菜单

冷菜：八色单盘

热菜：雪冬黑鱼片，韭黄牛肉，豆苗山鸡片，八宝海参，风鸡炖风鹅，虹桥羊肉，炖菜核

点心：翡翠菜包，萝卜丝酥饼

汤：金汤娃娃菜

主食：咸肉菜饭

水果：水果拼盘

技能训练4　创新面点——奶油虾仁戟

奶油蝴蝶戟是一种著名的点心，将其中的“蝴蝶”换成虾仁、鲈鱼、鲜贝，则成了奶油虾仁戟、奶油鲈鱼戟、奶油鲜贝戟。

1. 原料

（1）坯料　面粉250克，鸡蛋液20克，白糖5克，黄油140克，清水15克。

（2）馅料　虾仁250克，黄酒5克，盐3克，味精1克，干淀粉10克，水发枸杞5克，精炼油10克。

2. 操作过程

（1）制皮　取120克面粉加入120克黄油，调成干油酥。取120克面粉加入鸡蛋液、黄油20克、白糖、清水，调成水油面。将干油酥包入水油面，撒上面粉，擀成长方形，从两边同时向中间叠起，再向一边折叠，擀薄后，再对折，擀成0.5厘米厚的片，切成6厘米直径的圆皮。

（2）制馅　虾仁用清水洗净，沥去水，加入盐、干淀粉、黄酒、味精，拌和均匀，投入到炒锅中，炒至变色，装入碗中。

（3）成型　将菊花模具内抹上精炼油，放上圆皮，并压紧压实。

（4）成熟　将放有面皮的菊花模具放入烤箱中，烤7分钟，取出，放上炒好的虾仁，用枸杞点缀，再放入烤箱中烤4分钟，取出，奶油虾仁戟从模具中脱入盘中即成。

3. 操作关键

1）虾仁要新鲜。

2）枸杞以鲜者为佳。

3）烤制时，注意控制烤制时间。

技能训练5 生日宴用的面点——寿桃包

1. 原料

（1）坯料 面粉250克，干酵母2克，泡打粉2克，白糖5克，温水、色素各适量。

（2）馅料 枣泥馅100克。

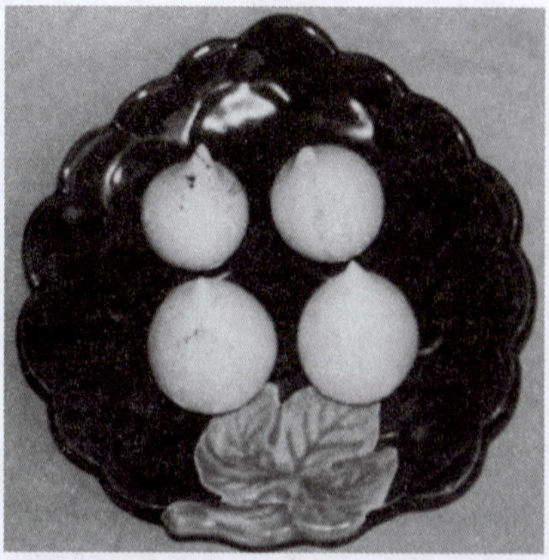

2. 操作过程

（1）调制面团 面粉放在操作台上，加入干酵母、白糖、泡打粉、温水，调成面团，醒发30分钟，成发酵面团。

（2）成型 将发酵面团搓成条，分成小剂，包枣泥馅心，捏紧收口向上放，上端搓出一个桃尖，略向一边斜，再用刀背在桃身上压出一道凹槽，然后用面团制成2片叶子和1个叶柄装上，即成生坯。

（3）成熟 将寿桃包生坯放入蒸笼中，上笼蒸10分钟，取出，用牙刷沾上色素，将桃尖处染成淡红色，桃叶染成淡绿色，装入盘中即成。

3. 操作关键

1）面团要调得稍硬些。

2）面团发酵时，要注意保温、保湿，确保面团正常发酵。

3）蒸制时，火力要大。

技能训练6 婚宴用的面点——四喜卷子

1. 原料

（1）坯料 面粉250克，干酵母2克，泡打粉2克，白糖5克，温水适量。

（2）馅料 熟瘦火腿50克，葱花50克，盐3克，味精2克，芝麻油50克。

2. 操作过程

（1）制馅 将火腿切成末，加入葱花、盐、味精拌和均匀。

（2）调制面团 面粉放在操作台上，加入干酵母、泡打粉、白糖、温水，调成面团，醒发30分钟，成发酵面团。

（3）成型　将发酵面团搓成条，按扁，擀成长30厘米的面片，上面涂上芝麻油，撒上拌好的火腿末。将皮子从两边同时向里对卷，用快刀切成段，在每段的反面，再切一刀，注意不要切断，使底层坯皮相连，将两边向下翻出，切面朝上，即成四喜卷子生坯。

（4）成熟　将生坯放入蒸笼中，上笼蒸10分钟，取出装入盘中即成。

3. 操作关键

1）面团要揉上劲，揉光揉滑后再发酵。

2）面团成型时要细致、规则、美观。

技能训练7　欢迎宴用的面点——佛手酥

1. 原料

（1）坯料　面粉225克，熟猪油75克，温水适量。

（2）馅料　枣泥馅120克。

（3）辅料　鸡蛋1个，面粉25克，精炼油1500克（实耗50克）。

2. 操作过程

（1）面团调制　取100克面粉加入熟猪油50克，调成干油酥。取125克面粉加入熟猪油25克、温水15克，调成水油面。

（2）成型　将干油酥包入水油面，撒上面粉，擀成长方形，横叠3层，擀薄成长方形，再横叠3层，擀成薄片，切成5厘米长的皮。在每张酥皮的四周涂上蛋液，包上枣泥馅心，收口朝下，制成椭圆形，再在其1/2处按扁，用刀在此切出8根条，然后在中间6根条的顶端向反面弯曲，贴在反面的手掌处，再将两边余下的2根伸直平放，将生坯中腰处用手捏瘦，即成佛手酥生坯。

（3）成熟　将锅上火，倒入精炼油，烧至油温3成热时，放入生坯，至酥层呈现，浮于油面，内无含油时，即可捞出装盘即成。

3. 操作关键

1）调制面团时，原料比例要恰当。

2）控制好炸制的温度。

复习思考题

一、名词解释

1. 宴会。
2. 宴会菜单设计。
3. 膳食平衡。
4. 菜点搭配。
5. 面点创新。
6. 京鲁风味面点。
7. 淮扬风味面点。
8. 闽粤风味面点。

二、简答题

1. 简述宴会的特点。
2. 简述依宴会性质与接待规格分类方法。
3. 简述宴会菜单设计的作用。
4. 简述宴会菜品的上菜顺序。
5. 简述宴会菜单设计的原则。
6. 简述膳食平衡的原则。
7. 制订宴席菜单中的面点品种时，应注意哪些方面？
8. 试述京鲁风味面点的主要特点。
9. 试述淮扬风味面点的主要特点。
10. 试述闽粤风味面点的主要特点。

项目 3

面点装盘与装饰

- 面点装盘与装饰
  - 面点装饰
    - 烹饪工艺美术知识
    - 面点装饰与造型知识
  - 装盘与装饰
    - 烹饪美学知识
    - 面塑工艺知识
    - 巧克力与糖艺知识
    - 技能训练1　小南瓜
    - 技能训练2　小白猪
    - 技能训练3　寿宴面点——龙须面
    - 技能训练4　师生同庆
    - 技能训练5　高考升学宴
    - 技能训练6　黄瓜船点
    - 技能训练7　钳花包子

3.1 面点装饰

面粉用蔬菜汁制作出来是绿色的，可以做成叶子；胡萝卜汁和面是橙色的，可以做成花瓣或水果状的面点。这就是简单的面点装饰。

3.1.1 烹饪工艺美术知识

1. 烹饪原料色彩的冷暖

色彩的冷暖涉及个人生理、心理及固有经验等多方面因素，是一个相对感性的问题。

（1）烹饪原料色彩的主观感觉　色彩的冷暖是互为依存的两个方面，相互联系，互为衬托，并且主要通过它们之间的互相映衬和对比体现出来。一般而言，暖色光使物体受光部分色彩变暖，背光部分则相对呈现冷光倾向。冷色光正好与其相反。

（2）烹饪原料色彩的颜色心理　冷暖色指色彩心理上的冷热感觉。红、橙、黄、棕等色往往给人炽热、兴奋、热情、温暖的感觉，所以将其称为暖色。绿、蓝、紫等色往往给人镇静、凉爽、开阔、通透的感觉，所以将其称为冷色。色彩的冷暖感觉又称为冷暖性。色彩的冷暖感觉是相对的，除橙色与蓝色是色彩冷暖的两个极端外，其他许多色彩的冷暖感觉都是相对的。如紫色和绿色，紫色中的红紫色较暖，而蓝紫色则较冷；绿色中的草绿色带有暖意，而翠绿色则偏冷。

（3）烹饪原料色彩的情感与象征　色彩能表现情感，与人的联想有关。红色之所以具有刺激性，是因为它能使人联想到火焰、流血和革命。绿色的表现性则来自于它能唤起人们对大自然的清新感觉。蓝色的表现性来自于它使人们想到水的冰凉。人受红色刺激，会感到兴奋，脉搏有增快感，有暖意产生。处在青色环境中则觉得沉静，脉搏有减缓感，似有寒意。这些都是色彩对人的心理所产生的影响。

2. 食品图案造型艺术

食品图案造型艺术是烹饪工艺美术的一个重要组成部分，它属于实用工艺美术的范畴。食品造型图案艺术的存在由时间决定。任何食物都是供人食用的，它的存在时间，通常情况下只有几小时。因此食品图案造型艺术应遵循简易、美观、大方和因材施做的原则，同时结合食品图案造型构成规律，才能达到食品造型的最佳效果。

（1）冷菜造型艺术　冷菜造型要求形象生动逼真，色彩美观大方，富有食用价值，这对刺激人们的食欲，增加宴席的气氛，提高烹饪艺术水平有着积极的推动作用。冷菜造型根据表现手法不同，可分为平面型、卧式型、立体型三种。制作冷菜一般经过冷菜造型的设计、冷菜造型的操作两个步骤。

1）冷菜造型的设计。冷菜造型的设计首先是进行构思。构思是冷菜造型的基础，在拼摆前，必须考虑内容与形式的统一，做到主题明确、布局合理、层次分明、虚实相间。在构思过程中，可以充分发挥想象和创造力，尽情表达内心的思想情感与意境。根据宴席的主题以及冷菜原料的形态、色泽和质地明确主题，确定拼摆形式。要根据宴席的性质、规模、标准、时间、地点和宾客的身份来构思。

其次是进行构图。构图就是构思之后的布局，根据原料的特点，确定具体摆设方法，使其形象更为合理地展示出来，既突出主题，又使人赏心悦目。冷菜造型的装盘工艺，属于造型艺术。它的特点是在美学观点的指导下，兼顾烹饪规则，在造型方面有很大的约束性，它不同于绘画，而是有自身的特有个性。

2）冷菜造型的操作。冷盘的完成除了构思与构图外，在拼摆的过程中需要经过原料选择、刀工运用、拼摆成型等过程。

①冷菜原料选择。根据拼盘的题材要求，按其色彩和形态，做好原料的选择工作。要根据原料的色泽、形态恰当选择，为拼摆打下丰富的物质基础。

②刀工运用。刀工技术是冷菜造型的基础，尤其是艺术冷盘，对刀工要求比较高。既要利用原料本身的形状，又要借助于各种精巧刀法，切削出较好的形状。

③拼摆成型。冷盘的拼摆一般要经过围边、垫底、盖面三个步骤。冷菜造型是一种食用与审美相结合的艺术。虽然讲究色、香、味、型的变化，但切不可忽视拼盘具备的食用价值。所以我们在拼摆时，尽量选用食用价值较高的原料，否则，只能看，不能吃，不符合食用与审美相结合的原则。

（2）热菜造型艺术 热菜与冷菜不同，其显著的特点就是趁热食用。要求以最简、最快的速度进行工艺处理，这就决定了热菜造型既要简洁、大方，又不能草率、马虎。虽不可久观，但必须耐人寻味。因此，要认真研究探讨热菜造型艺术规律。热菜是宴席的主体菜肴，决定宴席的档次高低。成功的热菜以精湛的工艺、娴熟的刀工、优雅的造型、绚丽的色彩令人食欲大开。热菜造型艺术是饮食活动和审美意趣相结合的一种艺术形式，既有技术性，又有观赏性。

热菜造型艺术的形式丰富多彩，有自然的朴实美，图案的绚丽美，象形的生动美。热菜造型通常采用自然形式、图案形式、象形形式三种。

1）自然形式。热菜制作保持原料固有形态，如清蒸鲈鱼、三套鸭、扒烧整猪头等。这些菜肴的形态要求生动自然，装盘时应着重突出形态特征最明显的、色泽最艳丽的部位。有时需要添加适当的围边点缀。

2）图案形式。运用构思想象，充分利用对称与平衡、统一与变化、节奏与韵律、对比与调和、夸张与变形等形式美法则，使菜肴通过丰富的几何变化，达到既美观又大方的效果。热菜装盘时，摆成连续性几何图案，排列成散点式、射线式、放射式、波浪式、组合式等。

3）象形形式。热菜装盘后的形式，像一种自然界的美丽形状，如葫芦鸭、松鼠鳜鱼、口袋豆腐、金鱼戏水等。

热菜造型的形式中，不同的造型手法会产生不同的效果。写实手法，是以物象为基础，给予适当的剪裁、取舍、修饰，对物象的特征和色彩着力塑造表现，力求简洁工整、生动逼真，如“鲤鱼跳龙门”。写意手法，在物象的基础上加以调整修饰，完全可以突破自然物象的束缚，充分发挥想象力，运用各种处理方法，给予大胆的加工和塑造，但又不失物象的固有特征，符合烹调加工要求，如“一行白鹭上青天”。

（3）面点造型艺术 面点造型素以色、香、味、形著称于世。面点像朵朵鲜花，在食品的百花园中竞相开放，这些千姿百态的面艺杰作，与菜肴一起构成了具有特色的中国烹饪艺术。

1）雅俗共享，品类繁多。我国面点品种丰富多彩，可谓是五光十色、千姿百态。面点按成型形状分有饭、粥、包、卷、夹、糕、团、饼、粉、条、包、饺、羹、冻等。按造型风格分有简易型、雕塑型、图案型、拼摆型等。

2）食用与审美紧密结合。食用与审美寓于面点造型艺术的统一体之中，食用性是其主要方面，面点造型则是操作技巧和工艺的过程，都是围绕着食用和增进食欲的目的进行的。它既能满足人们的食欲，又能产生美感。面点食为本，味为先，重形态，求自然。面点制品是供人们食用与审美享受的，在它还没有被人品尝以前，它必须有美的视觉形象，才有助于诱发人们的食欲。面点的形主要是在面团和面皮上加以表现的，面点师制作形态各异的花卉、鸟兽、鱼虫、瓜果等，增添面点的感染力和食用价值。面点的色彩应以自然风格为特色。当面点不能表达或代表食品的时候，可适当加以补充，但以食品的天然色素为主。色彩给人们的情感以极大的影响，自然、丰富的色彩不仅能影响人们的心理，而且能增强人们的食欲。色彩与造型结合起来，可使面点制品达到艺术效果。

3）精湛的立塑造型手法。面点的立塑造型，是内在美与外在美的统一，它经过严格的艺术加工制成了一种精致的艺术形象，对食用者能产生强烈的艺术感染力。面点的造型是通过一整套精湛的技艺包捏成各种完整的秋叶包、葫芦包。通过包剪等制成金鱼包、刺猬包、海棠酥等，这就要求面点师有较高的技艺和美学知识的修养。

4）玲珑雅致的艺术面品。面点的造型艺术类似于微雕艺术，一盘美点，是许多单个品种的拼摆组合，而每个品种都是栩栩如生、小巧玲珑的精美艺术品，它正是烹饪艺术中的艺术面品。这种艺术往往出现在高级宴席上，表现宴席的档次和面点师制作的水平。

3. 烹饪器具造型艺术

饮食器具之美是餐饮工艺整体美的重要组成部分，合适的餐具造型能给人以清洁卫生、舒适愉快的感觉，并且增进食欲。

（1）饮食器具实用与审美 饮食器具的形式美必须服从实用性，使审美紧密结合实用，并为实用服务。这是饮食器具的美学原则。饮食器具的品种多样性与统一性，是餐具与餐具的多样统一、餐具与环境的统一、餐具与人的统一，使其和谐产生美。

（2）菜点造型与盛器的配套

1）盛器大小的配套。盛器的大小选择是根据菜点品种、内容、原料的多少和就餐人数来决定的。大盛器自然盛装的食品多，可表现的内容也比较丰富。小盛器盛装的菜点自然也比较少，表现的内容有限。对整只的烤鸭、烤乳猪、烤全羊、澳洲龙虾等大型原料，必须选用与菜点相配的餐具，这样才能充分展现原料自然美的形态特色，并配上点缀的原料，增加菜点的视觉美感。在宴席、美食节及自助餐采用大盛器，象征气势与容量，而小餐具则体现了精致与灵巧。因此，在选择盛器大小时，应与餐饮实际情况相结合。

2）盛器造型的配套。盛器的造型有几何形和象形两大类。合适的餐具能点明宴席与菜点的主题，引起食客的联想，达到渲染宴席气氛的目的，进而增进宾客的食欲。菜点盛器造型的选择，要根据菜点本身的特征、烹饪方法及菜点与宴席的主题等来决定。

3）盛器材质的配套。盛器的材质选择要结合餐饮本身的市场定位与经济实力来决定。定位高层次的餐饮可选择金银餐具为主的盛器，定位中低层次的可选择普通的陶瓷餐具为主的盛器，定位特色风味的要根据经营内容来选择与之相配的餐具，烧烤风味可选用石头为主的盛器。在选择盛器的材质时，必须结合宴席的主题与背景，去选用与之相配的材质制作的盛器，才能取得良好的效果。

3.1.2 面点装饰与造型知识

1. 面点装饰

在面点制作中除了做到材料美、造型美等以外，还要运用辅助手段，如围边装饰、器皿的衬托来提高点心的艺术性，达到色彩美、组合造型美、意趣美的效果。使点心在盘中形成一定的图案，给人以美的视觉享受，可以最大限度地满足食客的要求。同时还要塑造出一种合适得体、主次协调、颜色分明、形态美观、艺术表现突出的点心盘饰。面点的组合装饰需要从以下几个方面进行综合考虑。

1）巧妙构思。任何围边装饰，在制作之前，都必须精心构思、巧妙设计，做到胸有成竹。要根据制品特点、应用场合和表达寓意来构思，并且要注意构思的新颖性、独特性。任何没有经过认真构思考虑、随意制作的围边盘饰，不可能完美表现制品的特色和艺术价值。

2）选择合适的装饰材料。围边构思成熟后，就要开始挑选合适的围边材料了，现在普遍使用的原料有面塑面坯、琼脂、打发奶油、糖浆等。面塑面坯可塑性最强，调配方便，储藏性能好，使用最广；琼脂更多地运用于衬底，如表现蓝色的水面、蓝色的天空等。

3）调配颜色。对于只能采用堆放、拼摆、搭建的一些装饰原料，在考虑颜色时，只能考虑原料自身固有的颜色；而对于面塑面坯，调色相对方便，可以采用食用色素调配出任意需要的颜色。当然，在调配颜色时，要遵循美学规律，不能滥用，尽量做到色泽和谐，并始终以衬托制品为出发点，不能掩盖制品本身的色泽美。

4）精心制作。一切准备好后，就可以开始在器皿中制作围边了，制作时，器皿要干净卫生，手法要细腻、流畅，要将构思好的围边形态一气呵成地表现出来，切忌拖泥带水、犹豫不决。

5）艺术拼摆。如果直接在器皿中制作围边，制作时就要考虑好摆放的位置，要遵循艺术表现原则，同时也要考虑成品的放置，预留好成品位置，最好不要制作完成后又去改变位置。艺术拼摆有两种形式，一种是写意法：写意法是以规则或不规则的线条、几何体图形来组成有抽象特点的象形的一种面点拼摆手法。作品不拘形似，注重神韵、意境，讲究形意相生，力求神似，不求形同；另一种是写实法：写实法是作品尽量模拟自然界的客观真实物体，精工细作，力求惟妙惟肖。形象点心成型摆盘的方法就是使用写实法。

2. 面点的造型

我国面点的造型种类繁多，不同的品种具有不同的造型，即使同一品种，不同地区、不同风味流派也会千变万化。面点外形的特征，概括起来有以下几个方面：

（1）几何形态 几何形态是造型艺术的基础，在面点造型中被大量采用，它是模仿生活中的各种几何形状制作而成。几何形又可分为单体几何形和组合式几何形。单体几何形如汤圆、藕粉团子的圆形；粽子的三角形、梯形；方糕的方形；锅饼的长方形；千层油糕的菱形等。立体裱花蛋糕则是由几块大小不一的几何体组合而成，再加上与各种裱花造型的组合，形成美观的立体造型，这种蛋糕即属于组合式几何形。

（2）象形形态 可分为仿植物形和仿动物形。

1）仿植物形是面点制作中常见的造型，尤其是一些花式面点，讲究形态，往往是模仿自然界中的植物，如月季花、牡丹花；油酥制品中的荷花酥、百合酥、海棠酥；水调制品中的兰花饺、梅花饺等。也有模仿水果的，像酵面中的石榴包、寿桃包、葫芦包等，船点中的柿子、雪梨、葡萄、橘子、苹果等；模仿蔬菜的有青椒、萝卜、蚕豆、花生等。

2）仿动物形也是较为广泛的一种造型，如酵面中的刺猬包、金鱼包、蝙蝠包、蝴蝶包等；水调面点中的蜻蜓饺、燕子饺、知了饺、鸽饺等；船点中的金鱼、玉兔、雏鸡、青鸟、玉鹅、白猪等，这些都是仿动物形面点。

（3）自然形态 采用较为简易的造型手法使点心通过成熟而形成不十分规则的形态，如开花馒头，经过蒸制自然“开花”。其他如开口笑、宫廷桃酥、蜂巢蛋黄角、芙蓉珍珠饼等也是在成熟过程中自然成型的。

3. 餐具的装饰

制作精美的点心，一定要选用精致的餐具，才能体现点心的价值。在选择餐具的时候，一定要根据点心的形态色泽选择，主次分明，不喧宾夺主，注意选择突出制品特色的器皿。

精美的点心是以味为主的综合艺术品，一方面，面点的滋味存在于具体形色的面点当中，另一方面，面点的形色还能产生直接的呈味效果。因为形色能产生意识上滋味的感觉，这是食物本身的形态、颜色和滋味紧密结合的结果。

面点的造型艺术、装饰艺术的形成，有一个历史发展过程，坚持以味为主，通过造型表达情感、趣味、意境，与“味”相辅相成，并逐渐形成民族特色。我们要保持这种特色，在现代科学理论的指导下进一步发展，充分体现面点的原形美、成型技艺美、组合装饰美，在不断实践中大胆创新，把面点制作这一传统技艺提高到一个新的水平。

3.2 装盘与装饰

3.2.1 烹饪美学知识

烹饪造型美法则包括以下几种。

（1）烹饪造型的多样与统一 多样与统一是适用于一切造型艺术表现的一个普遍法则，也是构成图案形式美的最基本法则。多样性体现了烹饪造型中各个组成部分的区别，是在对比中求调和，在构成上虽有矛盾，但它们又互相依存，互相促进，设计时必须处理好变化与统一的辩证关系。在统一中求变化，变化中求统一，达到统一与变化的完美结合，使烹饪工艺造型既优美又不落于俗套。

（2）烹饪造型的对称与平衡 对称与平衡是图案中保持重心稳定的两种结构形式。对称是同形同量的组合，体现了秩序和排列的规律性。平衡是以同量不同形的组合取得均衡稳定的形态。对称好比平衡，平衡则好比天平的两臂。在烹饪图案中，往往运用虚实、呼应求得造型的平衡效果。如枫叶冷盘的造型布局，有实有虚，有满有空，互相照应，使烹饪工艺造型更加生动。

（3）烹饪造型的重复与渐次 重复与渐次是烹饪图案应用的主要方法之一。重复是有规律的伸展连续；渐次是逐渐变动的意思，就是将一连串相类似的纹样由主到次、由大到小、由长到短、由粗到细地排列，物象具有一定顺序的变动。在烹饪工艺造型中根据设计要求做不同的处理，使烹饪原料本身的色泽渐变，达到应有的设计效果。

（4）烹饪造型的对比与调和 认识物与物的区别，其根据是对比。调和与对比相反，对比强调差异，而调和则是缩小差异，是由视觉上的近似要素构成的。对比与调和是取得变化与统一的重要手段。若过分强调对比，容易形成生硬的僵化效果。过分强调调和，也容易产生呆板和贫乏的感觉。如果以对比为主，对比中有调和的因素，那么在变化中求得统一；以调和为主，调和中有对比的因素，那么在统一中求得变化。万绿丛中一点红是配色的一个典型例子。

（5）烹饪造型的节奏与韵律 节奏是周期性的重复，它往往伴有规律性的变化及数量、形式或大小的增减。韵律是在节奏的基础上赋予一定情调的色彩，韵律更能给人以情趣，满足人的精神享受。节奏是由一个或一组纹样作为一个单位反复、连续、有条理地排列形成的。从形式上划分，它又有等距离、渐变等形式。节奏是基础，是韵律表现的前提，而韵律则是从节奏中表现出来的一种情调。

3.2.2 面塑工艺知识

面塑，俗称面花、礼馍、花糕、捏面人，是源于山东、山西、北京的中国民间传统艺术之一。面塑就是将面粉、糯米粉、白糖、防腐剂、清水调匀蒸熟后，加入色彩揉均匀，捏成各种小型人物与事物。捏面艺人根据所需随手取材，在手中几经捏、搓、揉、掀，用小竹刀灵巧地点、切、刻、划、塑成身、手、头面，披上发饰和衣裳，顷刻之间，栩栩如生的艺术形象便脱手而成。

面塑上手快，只需掌握“一印、二捏、三镶、四滚”等技法，但要做到形神兼备却并非易事。目前面塑艺术作为珍贵的非物质文化遗产受到重视。

凤凰

海底世界

红鲤鱼

孔雀

盘龙

企鹅

雄鸡

1. 面团配方

配方一：面粉400克，糯米粉100克，蜂蜜100克，防腐剂（苯甲酸钠）50克，开水400克，盐适量。

配方二：面粉500克，糯米粉100克，蜂蜜75克，盐50克，开水600克。

2. 和面、蒸面

将面粉、糯米粉、盐、防腐剂等放在盆中和匀，再徐徐倒入开水并用筷子搅拌，然后将面团反复揉搓，直至达到“三光”效果——面光、手光、盆光。用手将面团压成2~3厘米厚的片，用保鲜膜包好。

3. 面团质量

把面团反复揉碾，搓成球形，手按压只有少许反弹，韧性很小，双手拉长不断裂也不回缩，这样的面团手感好，不粘连。另外由于市场出售的面粉品牌不同，质地各异，因此要随时调整比例。韧性大的减少糯米粉用量，反之增加。

4. 面团上色

蒸好的面团可用油画颜料、国画颜料、水彩、水粉等颜料上色。具体方法是：先将面团摊成薄片，把颜料涂抹在上面，向内卷成圆桶形，再拧成螺旋状，折回再拧，循环多次，最后在掌心反复揉，直到颜色分布均匀为止。面团的颜料分两三次加入，一次不要加太多，太多容易粘在手上，揉进面团时会形成斑块，影响效果。

5. 常见问题

如果对原料的用量比例及制作手法掌握不好，容易出现下列问题。

1）面团过干。这会造成面塑各部件之间不易黏接。出现这种情况的主要原因是，和面时水加得过少或面粉加得过多。解决办法是：可适当再加一点水进行揉和，也可用502胶或白乳胶对部件进行黏接。

2）面团太软。就是说面团失去了骨力。主要是因和面时水或糯米粉加得过多所致。解决的办法是：将面团置于阴凉通风处，吹至面团不粘时即可。

3）面团弹力过大。这可能造成无法刻画面塑的细微部分，如用塑刀刚压好的眼窝，马上又会弹起恢复原状等。其解决的办法是：将面团重新入笼再蒸一次。

4）制好的面塑作品存放时出现干裂。加入盐和香油或甘油，有增加面团筋力、使面团不开裂绽口的作用。因此，只要和面时将上述两种原料放够了，并与其他原料充分揉匀，即可防止作品干裂。至于作品生虫长毛，则是防腐剂用量不足所致。

3.2.3 巧克力与糖艺知识

巧克力是指以可可脂、白砂糖等为主要原料，添加或不添加乳制品、食品添加剂，经特定工艺制成的固体食品。巧克力由多种原料混合而成，但其风味主要取决于可可本身的滋味。可可中含有可可碱和咖啡因，带来令人愉快的苦味；可可中的单宁质有淡淡的涩味，可可脂能产生肥腴滑爽的味感。可可的苦、涩、酸，可可脂的滑，借助砂糖或奶粉、乳脂、麦芽、卵磷脂、香兰素等辅料，再经过精湛的加工工艺，使巧克力不仅保持了可可独有的滋味并且让它更加和谐、愉悦和可口。

糖艺指将砂糖、葡萄糖或饴糖等经过配比、熬制、拉糖、吹糖等造型方法加工处理，制作出具有观赏性、可食性和艺术性的独立食品或食品装饰插件的加工工艺。糖艺制品色彩丰富绚丽，质感剔透，三维效果清晰。与奶油裱花相比，奶油花从材质和质感上均无法与之相提并论，高档的蛋糕很少使用奶油裱花来装饰，在国际上裱花被当作西点师的一个小技能来对待。组合装饰才能充分体现出原料的材质美和造型美，给人以色、香、味、形、器俱佳的感觉，体现出饮食文化的特点而得到美的艺术享受。另外，使用具有艺术品位的插件更加方便、节时和省力，大大提升成品的艺术效果。

1. 巧克力知识

巧克力在一定的温度下容易熔化，为获得适宜厚度的巧克力液体，必须将巧克力的温度控制在一定的范围内，使巧克力能按照设计进行制作，这就涉及巧克力的调温技术。

（1）巧克力调温技术及其操作方法

1）调温巧克力。其含有可可脂肪成分，如含35%~85%可可脂，巧克力味较佳，适合做各种甜品。如制作巧克力糖，则需经过调温，才会容易凝固脱模，巧克力表面才会带有光泽，于室温下不易熔化；如制作其他蛋糕、慕斯、芝士饼、雪糕、曲奇、松露巧克力，因已拌入其他材料，故不需调温。调温巧克力分为三种：黑巧克力、牛奶巧克力、白巧克力。

①黑巧克力，纯巧克力，质地比较硬，可可脂高于50%。53%~55%浓度：味道均衡，可可苦味与甜度适中，适合大众口味。60%~64%浓度：可可苦味较香浓，甜度相对较低。70%或以上浓度：可可苦味极浓。

②牛奶巧克力，含可可脂40%或以上，至少含乳制品12%。含有牛奶及40%可可脂，这类巧克力多加入了炼乳混合而成，所以较香滑，甜度相对较高。

③白巧克力，含可可脂30%以上，乳制品及糖分含量较高，所以较甜。成分多是糖、奶粉和香草。因可可脂含量较低，糖分较高，相对较甜，普遍用于甜品和糖果装饰。

2）代可可脂巧克力（免调温巧克力）。以植物油代替可可脂，价格较便宜，多用作装饰之用。因不需调温，方便易用，只需直接熔解，置于室温，即可凝固，容易脱模。

调温一般是在大理石台上操作，在不锈钢的台面上也没有问题，重要的是达到理想的温度变化要求，没有一定要在大理石台上操作的规定。将做好温度调节的巧克力保持在一定的温度是很重要的。若有保温器最好，如果没有的话也可以用保温板或拉糖用保温灯来代替。另外也可以隔水加热，只要注意保温过程中不要让水蒸气进入巧克力里。调温就是保证可可脂和类可可脂形成最稳定的晶型，然后经过适当的冷却使巧克力产生良好的光泽，并且不发生花白现象，因此调温操作是非常重要的。

3）巧克力调温操作。调温操作是将调温巧克力依照熔化一冷却一加热的步骤进行，最重要的是每个阶段的温度。首先是熔化的温度（熔解温度），黑巧克力在50~55℃，牛奶巧克力在45~50℃，白巧克力在40~45℃最为理想。先将巧克力的温度提升到这个范围，使其完全熔化。然后让熔化的液态巧克力再度结晶，这个阶段的温度就是降温的温度（冷却温度），黑巧克力在27~28℃，牛奶巧克力在26~27℃，白巧克力在25~26℃，在这个状态下的巧克力呈现出黏黏的沉重感，这就是开始再结晶的现象，如果任由其在这个结晶阶段凝固的话，无法做出状态良好的巧克力。接下来，再次加热将温度提升，结晶体会转化为最稳定的晶体V型。最后的保温温度，黑巧克力在31~32℃，牛奶巧克力在29~30℃，白巧克力在28~29℃。在进行调温操作时，无论使用哪一种方法，重要的是绝对不能让水分进入巧克力中。只要混进一点点水，调温巧克力就会变得厚重，难以操作，此外也会造成巧克力发霉。

4）黑巧克力及牛奶巧克力的调温操作方法是：使用大理石台调温。将熔化后的调温巧克力摊在大理石台上，让温度下降，具体步骤如下。

①切碎。

a. 从调温巧克力的边端开始斜切。因为切的面积小的话比较容易切下，把调温巧克力切成三角形。刀子选用面包刀等刀刃长些的，较好切。

b. 太大块的就再切小一点。如果切成粉状，熔化时温度会一下子上升得太快，只要切出大拇指指甲般的大小即可。

c. 取1/3切碎的调温巧克力放入不锈钢盆中。

②熔化。

a. 在比缸盆小一些的锅中将水煮开，架上缸盆，不时搅动使其慢慢熔化。

b. 没有颗粒残留后，再加入剩余的调温巧克力1/2的量加以熔化，完全熔解后再放进剩下的调温巧克力继续熔化，等待温度提升，黑巧克力是50~55℃，牛奶巧克力是45~50℃。把缸盆从锅上取下，放置一旁让温度下降到34℃。

5）白巧克力的调温操作。使用大理石台的操作方式与黑巧克力及牛奶巧克力相同，只是温度设定有所不同。

①切碎熔化。将调温巧克力切碎进行熔化，把温度提升到40~45℃，放置一旁让温度下降到33℃。和黑巧克力使用大理石台操作的一、二步骤相同。白巧克力的处理步骤和手法和黑

巧克力都相同，仅在温度上有差异。

②温度调节。

a. 在缸盆中留下1/3量的调温巧克力，剩余的则倒在大理石台上。

b. 不要使空气进入到巧克力中，让巧克力紧贴大理石台，并移动三角刮刀，将巧克力推刮摊开。

c. 当调温巧克力降温到25~26℃，开始出现黏性时，尽快刮回缸盆中。

d. 将其和缸盆里原本的巧克力搅拌均匀，让整体温度上升至28~29℃。温度过低的话，将缸盆底部稍微加温一下以调节温度。

③保温。调温完成后，倒入保温器里或进行隔水加热，将其温度保持在28~29℃。

（2）巧克力的选购 要选择可可脂成分不低于35%，巧克力外观色泽亮丽，闻之味道香浓，入口即化，口感顺滑舒畅的。有些巧克力是复方巧克力，即用棕榈油或其他植物油添加硬化剂制成，如同嚼口香糖一样永不化于口，置于太阳底下也不熔化。巧克力成分中有可可奶油的为上品，入口即化，如用植物油则口感较差，较不易融于口。

（3）巧克力的储存 巧克力是一种极娇贵的点心，虽然巧克力本身并不容易腐坏变质，但因可可脂是唯一一种在20℃以上就会熔化并且开始分离析出的物质，因此只要室温高一点巧克力就会软化，一旦软化，就算再次冷冻成固体，口感也会有差异，因此巧克力的保存要非常小心。巧克力的储存有以下几点注意事项。

1）储存温度：巧克力的最佳储存温度为15~18℃，且需储存在干燥、阴暗的地方。储存温度不宜变化过大，从储存地取出时与室温相差不宜超过7℃。储存温度不可低于15℃，故巧克力不宜放入冰箱中保存。纯苦巧克力、苦甜巧克力储存时间为12个月；牛奶巧克力和乳白巧克力储存时间最多8~10个月。

2）储存湿度：储存巧克力时，应使其相对湿度保持在50%~60%。故开封的巧克力应保持密封，避免与空气接触，以免变干及氧化。

3）避免阳光直射：巧克力对阳光非常敏感（尤其是白巧克力），开封后一定要封好，保存于阴凉处。巧克力应与具有刺激性气味和强烈味道的食材分开储存。尤其调温巧克力对异味非常敏感，保存时必须远离外界的异味，保持环境干净卫生，防止昆虫破坏、侵蚀。

2. 糖艺知识

糖艺指将艾素糖加水熬制后，经拉糖、吹糖、塑糖等造型方法加工处理，制作出具有观赏性、可食性和艺术性的独立加工工艺。糖艺制品色彩丰富绚丽，质感剔透，三维效果清晰，是餐饮业中较奢华的展示品或装饰原料。在星级酒店，“糖艺”盘饰制品的制作已经发展到一定水平，糖艺盘饰与不同植物、水果、面点可搭配出意想不到的造型。

（1）制作糖艺的专业模具和工具

1）糖艺灯是制作糖艺必不可少的工具，灯下面的箱体是操作台，也可以装上加热装置兼具保温、加温的作用。箱体外部设置有各种开关和温控按钮；上面的灯，作用是加热，使糖体保持可操作状态。

2）硅胶叶子，利用硅胶叶子模具可以加快糖艺的制作速度，保证制作效果。

3）球状工具有多种规格，用于花瓣和叶片的造型。使用时将花瓣和叶片置于手掌，另一只手拿起球状工具轻压花瓣和叶片，达到预期的效果。

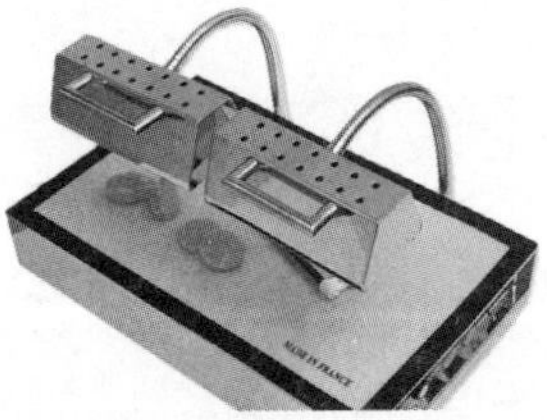
糖艺灯

硅胶叶子模具

球状模具

4）硅胶垫。熬好的糖体温度较高，要在食品级硅胶垫上操作。食品级硅胶垫无毒，无味，有一定的张力、柔韧性、优良的绝缘性、耐压、耐高温、耐低温、化学性质稳定、环保安全、无异味、不粘糖体。

5）硅胶荷叶模具。利用硅胶荷叶模具可以加快糖艺的制作速度，保证制作效果。

6）气囊工具在制作糖艺过程中给糖体吹气塑形，使其达到预期形态。

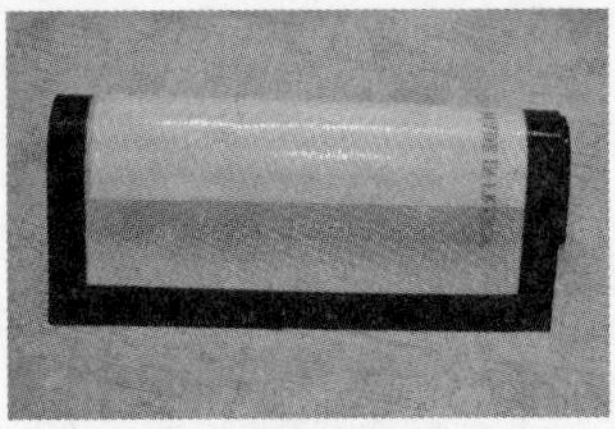
硅胶垫

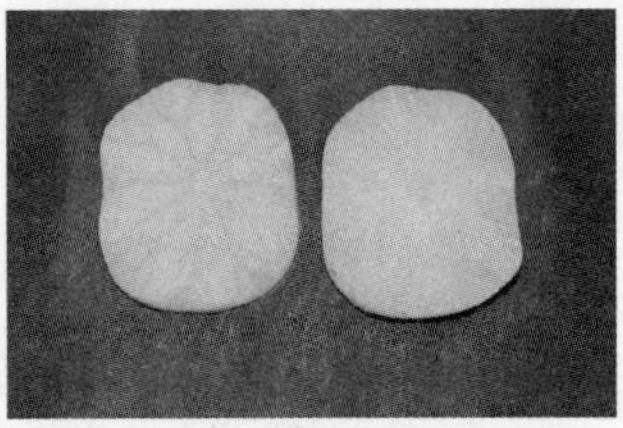
硅胶荷叶模具

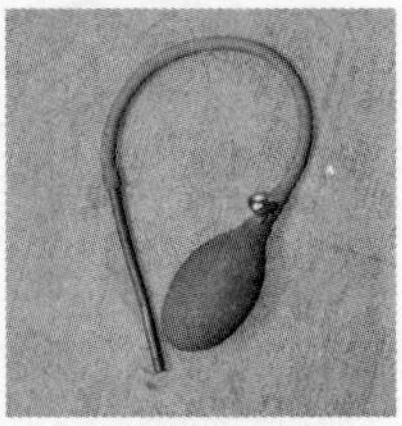
气囊工具

7）牡丹花模具。在制作牡丹花过程中能用此工具制作出各种形状的花瓣，能压出自然纹理的刻面。

8）防粘塑形工具。用途多样，圆弧形的一端可以塑不同形状，尖头状的一端可用于花朵中心的造型，也可以当小型的擀棒使用。

9）仿真花蕊。用途多样化，在制作不同品种花时都会使用到，这样做出来的花非常自然逼真。

牡丹花模具

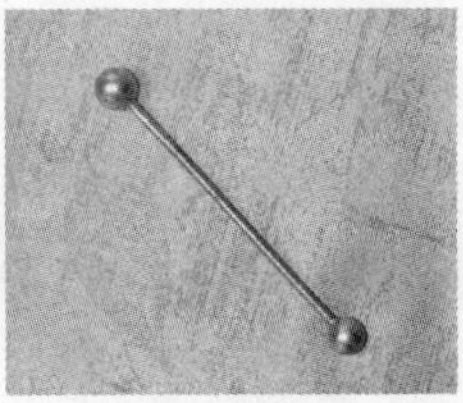
防粘塑形工具

仿真花蕊

10）食用色素。糖艺作品制作过程中注重色彩搭配，可用食用色素将糖体调成不同色彩。

11）牙签、短木叉。用于修饰花瓣边缘，通过在花瓣边缘滚动可以做出细小纹路和褶皱。

12）切刀。用于制作糖艺时切割造型用。

13）尖头细剪刀。用于修剪出叶片，也可以用于打造各种花蕾的不同纹理等。

食用色素

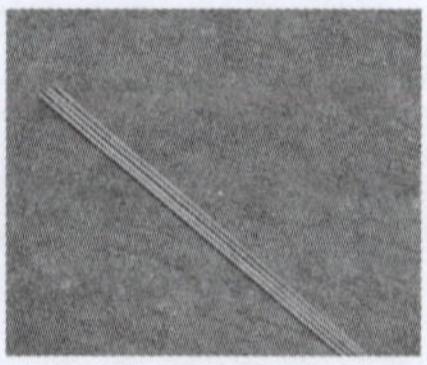

牙签

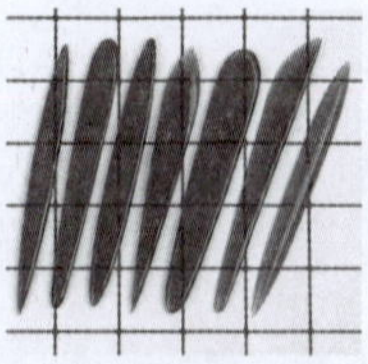

切刀

尖头细剪刀

（2）制作简单糖艺

1）糖体调色。糖体加入不同的色素，可调成预期的色彩。

2）玫瑰花。先取一小块糖体做出玫瑰花花苞，等冷却后再拉出一片片花瓣粘到花苞上，从里往外粘，粘出玫瑰花造型即成。

3）荷花。取一小块糖体拉出荷叶的造型，放在硅胶模具中压出荷叶纹理，做出枝干、花苞进行组装。

糖体调色

玫瑰花

荷花

4）镂空半圆形。糖体冷却到30℃，用勺子拉丝到硅胶模具中，达到一定造型后冷却，从硅胶模具中取出，这样镂空半圆形造型就制作完成了。

5）小草。取一块糖体拉出小草造型，冷却后进行组合搭配，该造型适合面点的盘饰，可以大量制作。

镂空半圆形

小草

技能训练 1　小南瓜

1. 原料

（1）坯料　“五五”镶粉250克，鸡蛋黄2个。

（2）馅料　细沙馅100克。

（3）辅料　红曲水10克，可可粉10克。

2. 操作过程

（1）调制粉团　取镶粉放容器内，冲入沸水，揉成粉团，取一半粉团上笼蒸15分钟，与剩下的一半揉和，即可以制作成品的粉团。

（2）成型　取粉团（留少许）分成21份，取20份放入鸡蛋黄和少许红曲水，揉成橘黄色。取剩余粉团放入可可粉，揉成栗壳色。把细沙馅心分成20份，橘黄色皮料分成20份，每块都捏出一个凹塘，放入细沙馅，收口成团，捏成扁圆形南瓜。另一小块栗壳色皮料，做成南瓜柄，装在南瓜一头的中间，成一只扁圆形南瓜。

（3）成熟　上笼蒸3分钟，装入盘中即成。

3. 操作关键

1）控制粉团的硬度。

2）注意色彩要自然。

3）捏出的形象要逼真。

技能训练 2　小白猪

1. 原料

（1）坯料　“五五”镶粉250克。

（2）馅料　叉烧馅100克。

（3）辅料　药墨汁（一种中药）10克。

2. 操作过程

（1）调制粉团　取镶粉放容器内，冲入沸水，揉成粉团，取一半粉团上笼蒸15分钟，与剩下的一半揉和，即可以制作成品的粉团。

（2）成型　取粉团（留少许）分成21份，剩余粉团放入药墨汁，揉成黑色。叉烧馅心分成20份，每块白色粉团都捏出一个凹塘，放入叉烧馅，收口成团，捏成圆形，在圆形上捏出小白猪头形状；在头上捏出两只耳朵，两侧挑出两只眼眶，取一小块黑色粉团做成两只小眼睛，装在眼眶内；在头部用竹板按出一条纹罗（凹痕），再捏出两只前蹄，后面捏出两只后蹄；捏出一条小而卷的尾巴，成一只小白猪。

（3）成熟　上笼蒸3分钟，装入盘中即成。

3．操作关键

1）注意粉团的调制。

2）做到色彩要自然。

3）捏出的形象要逼真。

技能训练3　寿宴面点——龙须面

龙须面的简要制法是：将面粉加入拉面剂、盐、清水，调成面团，经醒制后，拉成头发丝状的面条，入锅炸至呈淡黄色，装入盘中，撒上绵白糖即成。

技能训练4　师生同庆

点心名称：海棠酥。

用微型柳（处理好的小型柳条）编花篮装盛海棠酥点心。或将海棠酥拼摆成花形。

技能训练5　高考升学宴

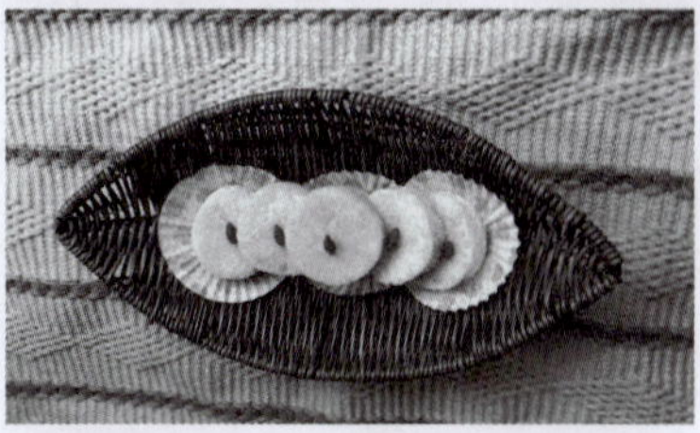

点心名称：桂花糕。

用微型柳编船形，装盛桂花糕。

技能训练6　黄瓜船点

用“五五”镶粉制成的小黄瓜，在盘子的一边点缀。它的简要制法是：“五五”镶粉调成素色粉团，加入抹茶粉，摘成小剂，包入枣泥馅，搓成长圆形，再用竹片压成黄瓜状，蒸熟即成。黄瓜船点常用来作为盘饰使用。

技能训练7　钳花包子

将发酵面团摘剂、压皮，包入枣泥馅心，包成圆形，用尖齿工具夹成花形，上笼蒸熟，盛装在双层食品架子上。

复习思考题

一、名词解释

1. 面点装饰。
2. 面塑。
3. 糖艺。

二、简答题

1. 简述烹饪原料色彩的冷暖。
2. 简述烹饪原料色彩的颜色心理。
3. 简述烹饪原料色彩的情感与象征。
4. 简述饮食器具的实用与审美。
5. 简述菜点造型与盛器的配套。
6. 简述面点外形特征。
7. 试述烹饪造型美法则。
8. 试述面塑艺术的特点。
9. 试述巧克力选购注意事项。

项目 4

厨房生产管理

- 厨房生产管理
  - 成本管理
    - 厨房产品成本构成要素
    - 厨房生产流程中的成本控制方法
    - 成本报表与控制方法
  - 厨房生产管理
    - 厨房生产各阶段的管理要求
    - 标准食谱的制订方法
    - 技能训练1　厨房产品成本控制措施
    - 技能训练2　松鼠鳜鱼的厨房成本核算报表
    - 技能训练3　制订宴会菜单

厨房管理是指厨房管理者行使管理的各项职能，对厨房的资源进行合理组织，最终高效率地实现经营目标的过程。有效的厨房管理，能使厨房运行合理化和高效化。合理化指合理组织厨房中的人力、物力、财力，明确每个员工的职责。安排好需要进行的各项生产和操作；高效化指通过合理地配备和组织人员，来提高劳动生产效率。

4.1 成本管理

现在的餐饮市场竞争如此激烈，餐饮企业要想获得生存并寻求良好的发展机会，需要厨房管理者及其工作人员不断提高自身素质，共同努力把生产成本及其他各项成本降低到一个理想的水平，以优质低价来赢得顾客，从而提高企业的经济效益，增强企业的竞争能力。

厨房是餐饮业的核心，是生产的重地。树立企业形象，创造名牌企业，需要数年的积淀和巨大的投入。制订厨房管理章程，打造过硬的管理队伍，确保菜肴质量和优质服务。

4.1.1 厨房产品成本构成要素

厨房成本指需要支出的原材料、水电、燃气、人员等费用。原材料成本占餐饮比例最高。原材料包括调味料、干货、肉类、水产、蔬菜瓜果及其他用料，一般情况占40%以上。人工成本占20%，水电费占10%，燃气费占10%，另外还有其他一些费用包括管理费占20%。

餐饮业成本结构可分为直接成本和间接成本两大类。所谓直接成本，指餐饮成品中具体的材料费，包括原料成本和饮料成本，也是餐饮业务中最主要的支出。所谓间接成本，指操作过程中所引发的其他费用，如人事费用和一些固定的开销。人事费用包括员工的薪资、奖金、食宿、培训和福利等；固定费则是所谓的租金、水电费、设备装潢的折旧、利息、税金、保险和其他杂费。由此可知，餐饮成本控制的范围，也包括了直接成本与间接成本的控制；菜单的设计、原料的采购、制作过程和服务方法，每一阶段都与直接成本息息相关，自然应严加督导。而人事的管理与其他物品的使用与维护，应全面纳入控制系统，以期达到预定的控制目标。有效的餐饮成本控制，并非一味地缩减开支或采购低成本的原料，节省支出费用，而是指以科学的方法来分析支出费用的合理性，在执行之前，规划好以年或月为单位的开销预算。然后监督整个过程的花费是否合乎既定的预算，最后以评估和检查的方式来修正预算，改善控制系统。

1. 直接成本控制

1）成本标准的建立，就是决定各项支出的比例。若以食物成本为例，食物成本也指食物的原料或半成品购入时的价格，但不包括处理时的人工和其他费用。食物成本比例取决于三个因素：采购时的价格；每一道菜的分量；菜单售价。

2）记录实际的操作成本。餐饮业在操作时常会碰到一些意料之外的障碍，有时是人为的，导致浪费，有时是天灾影响原料成本，这些因素都会直接反映到操作成本上。所以真实地记录操作过程的花费，并对照着预估的支出标准，可以立即发现管理的缺失，及时改善控制系统。影响操作成本的十大因素可归纳如下：运送错误；储存不当；制作消耗；烹调缩水；食物分量控制不均；服务不当；现金短收；未能充分利用剩余食物；员工顺手牵羊；供应员工餐饮之用。

3）对照与评估。一般而言，实际成本经常会高于或低于标准成本，但是管理阶层该于何时采取行动来调查或修正营运状况，则取决于两者差距的大小。当管理者在设定差距的标准时，应先评估时间的多少与先后顺序，以免本末倒置，而达不到控制的真正目的。

2. 直接成本控制的方法

餐饮产品由采购原料至销售为止，每个过程都与成本有关系，其细节如下。

1）菜单的设计。每道菜制作所需的人力、时间、原料、数量及其供应情形，会反映在标准单价上，所以设计菜单时要注意上述因素，慎选菜色的种类和数量。标准单价指按照食谱中制作一道一人份的菜所需要的食物成本。计算方法是将食谱中所有成分的价格总和除以全部的分量。

2）原料的采购过量，可能会造成储存的困难，使食物耗损的机会增加，但数量太少，又可能造成供不应求、缺货，而且单价也随之提高。所以准确地预测销售、定时盘点，且机动性改变部分菜单，以保存使用的安全量，都是采购与库存管理人员需注意的要点。

3）餐饮的制作人员一时疏忽，或温度、时间控制不当，分量计算错误，处理方式失当，往往会造成食物的浪费，而增加成本。因此，除了鼓励使用标准食谱和标准重量外，也可以用切割试验来严密地控制食物的充分利用。

4）预先规划妥善的服务流程，将有助于控制成本。

3. 间接成本的控制

间接成本如薪资成本的控制，不合格的员工，工作效率自然不高，生产率也难以提高；疲惫不堪的员工，服务质量也会降低，而这些都会影响人事费用的支出。有效分配工作时间与工作量，并施以适当、适时的培训，是控制人事成本的关键。

4.1.2 厨房生产流程中的成本控制方法

吃喝玩乐，吃排在国人消费第一位，餐饮业是改革开放比较早的行业，到目前为止餐饮企业从单店，发展到连锁化、集团化等多种业态形式。受连锁餐饮管理公司、单店经营和加盟店的管理形式制约，不同的餐饮企业有着不同的餐饮管理特征。餐饮企业营业成本逐步增加，单纯提高毛利率存在一定难度，将营业成本管控变成系列的管理模式是餐饮企业盈利之道，加强成本管控是其中关键一环。

1. 原材料入库成本方面的控制

原材料采购包括两个方面：库存商品类、原材料类。

（1）库存商品类原料成本的控制

1）采购部与酒水供货商签订合同，财务部审核供货合同，控制酒水与饮料的原材料进货品牌与成本价格。

2）进货时库管查看酒水的保质期、规格、型号、名称是否与送货单一致。

3）存放时要安全存放，保证酒水和饮料的完整无损。

4）销售环节的酒水成本的控制。

5）供货单位是否有赠送活动。

6）赠送和免单酒水单独进行核算。

7）市场询价，调整库存商品的价格和品种。

（2）原材料类成本方面的控制 要从前厅和厨房两方面进行控制，如厨房方面包括食品类、粮油类、肉类、海鲜类、调料类、鲜蔬类等原材料。

财务部对原材料的成本控制，是财务部人员的岗位职责。每周采购部提交财务部原材料的价格变动表，财务部在各大网站查询价格，进行横向对比后，找出质量好、价格低的原材料，与采购部共同制订原材料进货的类别、种类和价格。

厨师长和采购部人员要不定期去市场询价，查找新品原材料来源和了解价格波动实际情况，同时可以调整原材料供货价格。会计在每月进行原材料采购价格抽查工作时，不定期地对供货商送货价格进行监督，保证出品毛利率和原材料成本价格的稳定，监督供货商送货品种和送货时间，如有异常及时与店面和采购部沟通解决。

2. 原材料的二次利用与处理

厨房在进行出品加工时，会出现次品和废品及出品剩余的边角余料，为了降低原材料的成本，厨房可进行菜品更新与创新，再次利用剩余原材料创造出新的菜肴。

会计在进行账务处理时，会计分录与营业成本分录一致，但在核算上可单独计算，在成本分析时单独列出新品创收的收入金额。不管厨房如何利用原材料创收，厨师长如何研发二次出品，财务部只对档口出品毛利率的平均值进行核算，厨师长自行研发产品部分，公司出品研发部另行考核厨师长。

3. 原材料产品质量的控制

厨房库管按采购部下发的原材料产品质量标准进行收货，厨房负责收货质量的标准进行验收，同时按产品的出成率计算出品毛利率，如发现原材料质量不合格，可进行拒收和退货，库管不予开具各种单据，只有保证原材料收货的质量，才能保证菜品的出品质量与出品口味。

4. 单位出品标准方面的控制

库管进行原材料入库后，财务会计要不定期地在同期会计期间内进行同类产品的价格对比，保证原材料的价格稳定，同时对单位成本的原材料进行三方供货商的价格和质量对比，来确保出品的毛利率。选定供货商后，要监督采购部签约固定的原材料供货商，保证原材料的供货质量和原材料出材率。

毛利率的控制是多方面的：一方面厨房出品成本控制占主要地位，另一方面销售环节沟通要配合好。要想保证菜品的出品毛利率，要从以下环节入手。

1）前厅要有销售技巧，每天要有销售毛利率高的菜品定时推出。

2）厨房菜品出料率的保证。

3）厨房进货把握原材料质量，提高原材料的利用率。

4）保证厨房剩余的原材料出品，前厅第一时间推出剩余菜品。

5）财务会计在核算出品时，每月从软件导出并要列出菜品大类中前10名的菜品销售排行榜，核对出品毛利率。这一环节很关键也很重要，这也是做内部成本控制不可缺少的环节。

5. 出品毛利率方面的控制

采购原材料各品种时，不但要保证原材料品种的多样化、单品价格较低，同时也要保证菜品出材率的稳定，这样才能控制出品毛利率在规定标准范围内。

1）厨房人员自制菜品的出品技能要提高。

2）菜品按标准进行出品，产品的利用率高，还能降低原材料的成本，提高出品的毛利率。如烤肉店的雪花牛肉1份：每盘出品标准200克，成本价格52元/千克，售价为38元；毛利率：72.6%。给客人出品时厨房人员称重后按标准进行出品，这样出品标准有保证，原材料成本也按标准进行核算，出品毛利率就可以保证。如果出品标准不稳定，原材料成本不准确，核算无规律，出品毛利率波动就比较大。

6. 综合毛利率方面的控制

综合毛利率=综合毛利/营业收入×100%

综合毛利=营业收入−营业成本

营业收入=店内营业收入合计数（出品收入+酒水、饮料、香烟收入+一次性用品收入+非主营业务收入）

营业成本=店内营业成本合计数（厨房出品成本+酒水、饮料、香烟成本+非主营业务成本）

从这个公式可以看出，影响综合毛利率的因素有两个：营业收入、营业成本，而对于营业成本的控制，要从厨房出品成本+酒水、饮料、香烟成本+非主营业务成本这三个方面来进行。

7. 员工餐的成本控制

员工餐是店面厨房内部档口核算之一，员工餐档口原材料的收货和出品，也在成本控制范围之内。

1）厨房首先拟定员工餐菜谱，控制菜品出品质量，就餐标准。

2）库管设定员工餐的档口，进行收、发、存的入库和出库业务。

3）店面设定专门管理人员提前一天上报在岗员工人数。

4）厨房按员工就餐人数向供货商订货，按员工餐标准进行当天的核算，统一餐饮业员工餐标准，避免不必要的原材料成本的浪费。

5）每月底最后一天进行员工餐档口明细盘点。

6）成本核单每月底核算员工餐标准，上报业务上级（会计）进行审核。

7）厨房内部各档口剩余原材料与边角余料的调拨。

4.1.3 成本报表与控制方法

成本报表从实质上看是企业内部成本管理的报表，是为企业内部管理需要而编制，对加强成本管理、提高经济效益有着重要的作用。产品成本是反映企业生产经营各方面工作质量的一项综合性指标，也就是说，企业的供、产、销各个环节的经营管理水平，最终都直接、间接地反映到产品成本中来，通过成本报表资料，能够及时发现生产、技术、质量和管理等方面取得的成绩和存在的问题。

成本报表根据管理上的要求一般可按月、按季、按年编报。但出于内部管理的特殊需要，也可以按日、按周、按旬，甚至按工作班来编报，目的在于满足日常、临时、特殊任务的需要，使成本报表资料及时服务于生产经营的全过程。

成本报表内容、种类、格式、编制方法和程序、编制时间和报送对象，均由企业根据自己生产经营和管理的需要来确定。成本报表的编制目的，主要在于让企业领导者和职工了解日常成本费用与预算执行的情况，以便调动大家的积极性来控制不合理费用的发生，为提高经济效益服务。同时为企业领导者和投资者提供经营的成本费用信息，以便进行决策和采取有效措施不断降低成本费用。

1. 成本报表的作用

（1）成本情况 反映成本情况的报表有产品生产成本表或产品生产成本及销售成本表、主要产品生产成本表、责任成本表、质量成本表等。这类报表侧重于揭示企业为生产一定种类和数量的产品所花费的成本是否达到了预定的目标，通过分析比较，找出差距，明确薄弱环节，进一步采取有效措施，为挖掘降低成本的内部潜力提供有效的资料。

（2）成本分析　通过成本报表资料的分析，可以揭示成本差异对产品成本升降的影响程度，以及发现产生差异的原因和责任，从而可以有针对性地采取措施，把注意力放在解决那些属性不正常的、对成本有重要影响的关键性差异上，这样对于加强日常成本的控制和管理就有了明确的目标。

（3）计划依据　企业要制订成本计划，必须明确成本计划目标。这个目标建立在报告年度产品成本实际水平的基础上，结合报告年度成本计划执行的情况，考虑计划年度中可能变化的有利因素和不利因素，来制订新年度的成本计划。所以说本期成本报表所提供的资料，是制订下期成本计划的重要参考资料。同时，管理部门也根据成本报表资料来对未来时期的成本进行预测，为企业制订正确的经营决策和加强成本控制与管理提供必要的依据。

（4）评价考核　利用成本报表上所提供的资料，经过有关指标计算、对比，可以明确各有关部门和人员在执行成本计划、费用预算过程中的成绩和差距，以便总结工作的经验和教训，奖励先进，鞭策后进，调动广大职工的积极性，为全面完成和超额完成企业成本费用计划预算，而努力奋斗。

2. 编制成本报表的要求

为了提高成本信息的质量，充分发挥成本报表的作用，成本报表的编制应符合下列基本要求。

（1）真实性　即成本报表的指标数字必须真实可靠，能如实地集中反映企业实际发生的成本费用。

（2）重要性　即对于重要的项目（如重要的成本、费用项目），在成本报表中应单独列出，以显示其重要性；对于次要的项目，可以合并反映。

（3）正确性　即成本报表的指标数字要计算正确；各种成本报表之间、主表与附表之间、各项目之间，凡是有勾稽关系的数字，应相互一致；本期报表与上期报表之间有关的数字应相互衔接。

（4）完整性　即编制的各种成本报表必须齐全；应填列的指标和文字说明必须全面；表内项目和表外补充资料不论根据账簿资料直接填列，还是分析计算填列，都应当准确无误，不得随意取舍。

（5）及时性　即按规定日期报送成本报表，保证成本报表的及时性，以便各方面利用和分析成本报表，充分发挥成本报表的应有作用。

3. 成本控制的方法

厨房成本控制的好坏，直接决定了餐厅能否实现盈利。控制成本要从成本核算开始，下面我们来学习下成本核算的各个公式。

（1）毛利率 毛利率属于成本核算的内容，单就菜品来说，了解毛利率就需要知道菜品的成本、净料率、毛利、售价等相关内容，而且有现成的公式可以套用，只要记住公式，计算起来就会很简单。

（2）菜品的成本 菜品的成本一般由制作菜品的原料、调料和燃料三部分组成，但是在实际应用中，燃料成本一般不计算在菜品成本中，故只用原料和调料成本来表示。

菜品成本（元）=原料（元）+调料（元）。如一份青椒炒肉丝，猪里脊肉需4元，青椒需1.2元，所有调味品共计0.8元，那么这一份菜的成本就是4+1.2+0.8=6（元）。

（3）净料率 菜品制作时，原材料要经过清洗、宰杀、泡发等加工处理工序。没有经过加工处理的原材料，称作毛料；而经过加工处理后，直接可以制作菜品的原材料，称作净料。净料率又叫出成率、出料率，它是净料重量与毛料重量的比率，可以从中看出1千克毛料经过加工可以得到的净料有多少。

净料率的算法是：

净料率=净料重量 / 毛料重量×100%　　（4-1）

如买了1只活鸡，重2千克，经宰杀、去毛、除内脏、洗涤等处理后，得生光鸡1.4千克，那么生光鸡的净料率是多少呢？可以直接代入式（4-1），就能算出净料率=1.4 / 2×100%=70%。

净料重量和净料单价的算法是：

净料重量=毛料重量×净料率　　（4-2）

净料单价=毛料单价 / 净料率　　（4-3）

净料率有哪些用处：

如果已经知道了净料率和采购的毛料重量，通过上面的公式，可以反推出净料重量；如果知道了毛料的单价，通过净料率还可以知道净料的单价。

如制作烤鸭，鲜活北京填鸭重3千克，净料率为73%，想知道净鸭多重，那么可以由式（4-2）得出净鸭的重量=3×73%=2.19千克。

如清蒸鲈鱼这道菜品，鲈鱼单价37元/千克，净料率为83%，净鲈鱼每千克的价格，由式（4-3）可得，每千克净鲈鱼单价=37 / 83%=44.6（元）。

毛利率计算方式如下：

想计算毛利率首先要知道毛利。毛利理论上包括生产经营费用、利润和税金之和。但在厨房实际应用中，常用菜品售价减去菜品成本后的差额来表示。用毛利来计算价格非常方便。

常用下面的公式表示：

菜品价格=成本+毛利　　（4-4）

菜品的毛利率是用毛利来计算的，成本毛利率即毛利除以成本价格的比率；销售毛利率即毛利除以销售价格的比率。其中，在厨房中常说的毛利率通常指的是销售毛利率。

其计算公式分别是：

$$成本毛利率=毛利 / 成本\times100\% \tag{4-5}$$

$$销售毛利率=毛利 / 售价\times100\% \tag{4-6}$$

如京酱肉丝的售价是28元，其中成本16元，求成本毛利率和销售毛利率分别是多少。两种毛利率可以很简单地直接套入式（4-5）、式（4-6）计算。

成本毛利率=（28−16）/16×100%=75%；销售毛利率=（28−16）/28×100%=43%。

4.2 厨房生产管理

4.2.1 厨房生产各阶段的管理要求

1. 厨房原料初加工的管理

厨房食品原料初加工指对一切购进的原始原料，如活鲜原料等进行初步的整理加工的过程。原料的初加工一般包括对冰冻原料的解冻；对鲜活原料进行宰杀、洗涤和初步整理；对蔬菜、水果进行择叶、削皮、去根须、洗涤；对带骨、带皮的肉类原料进行砍、斩处理等。

原料的初加工阶段是整个厨房菜点生产制作的基础，其加工品的规格质量和出品时效对以后阶段的生产产生直接的影响。同时，初加工的质量还决定原料出净率的高低，对厨房菜点的成本影响也是最直接的。

（1）原料初加工阶段管理的作用　食品原料的初加工阶段表面看是一项较为简单的工艺过程，实际上它对整个厨房的生产过程都起决定性作用。

1）初加工的加工质量直接关系到原料的出净料率水平，通常用出净率来表示，原料的出净率直接影响菜肴的生产成本。

2）初加工的加工质量还直接影响原料的完整性、厚度、老嫩等指标。如初加工人员把一条完整的鱼肉剔得零零星星，带刺带骨，制作诸如“熘鱼片”“爆鱼丁”一类的菜肴就无法使用。

3）原料的分档取料、合理的留用割舍也是由初加工人员完成的。厨房生产讲究的是合理使用食品原料，避免造成不应有的浪费。如果初加工人员没有经过专业的训练。把原料处理得一塌糊涂，不成样子，就会严重影响整个厨房的菜点加工，如肥瘦不分、老嫩不分、内外不分、大小不分等。

4）原料初加工的速度对厨房的生产也有一定的影响，如果加工人员的初加工速度太慢，所加工的原料不能满足生产的需要，就会严重影响厨房的出菜效率。尤其是现代酒店中对禽类、水产活料的现场加工。如客人点选了一条活鱼，水台厨师接到活料后应迅速进行初加工处理，如果加工速度过慢，影响了烹调加热，会拖延上菜速度。

（2）制订原料初加工的质量标准 对原料初加工的管理应针对以上几个方面，制订相应的有效措施，主要做好以下几个方面的管理工作。

1）明确原料的出净标准。原料的加工出净率指加工后可供做菜的净料和未经加工的原始原料之比。原料的出净率越高，即原料的利用率越高；出净率越低，菜肴的单位成本就越高。因此，把握和控制加工的出净率是十分必要的。不同的原料、不同的加工方法、不同的菜肴需要，原料的出净率是不相同的。如何来确定各种原料的标准出净率，就成为行政总厨管理的重要内容之一。

原料标准出净率的确定一般有三种方式，一是参考国家有关部门制定的现行标准；二是借鉴其他企业已有的标准；三是根据所使用的原料进行加工测量。现在大多数酒店或饭店一般是将上面的三种方式综合运用，不仅可以节省时间，而且还可以节省大量的人力物力。

2）制订原料初加工的标准作业流程。原料初加工阶段的工作，由于加工对象的不同，其工艺流程和质量要求也是不尽相同的。一般包括蔬菜的初加工、禽类的初加工、畜肉类的初加工、水产品的初加工及干货原料的初加工等。鲜活水产品的初加工一般是在烹调前现场进行的，习惯上称为水台加工。除了对原料进行初步加工之外，大部分饭店厨房活养的水产品、禽类也一般归初加工厨房管理。

为了保证原料初加工的质量，除了要规定原料的净料率外，还应确定各类原料初加工的标准作业流程。

2. 厨房面点制馅的管理

馅心是面点制作中具有较高要求的一项工艺操作。包馅面点的口味、形态、花色品种等都与馅心密切相关。所以，对于馅心的管理必须有充分的认识。

（1）馅心制作要求 馅心制作即制馅，指将各种原料制成馅心的过程，主要有选料、初步加工、调味拌制、熟制等工序。制作方法分为两类：一是拌制法，先将原料经初步加工或经预热处理，再切成丝、丁、粒、末、沙、泥（蓉）等形状，最后加调味料拌和而成，多为生馅；二是熟制法，将原料加工成各种形状后加热调味成馅，多为熟馅。

1）馅心的水分和黏性要合适。制作馅心时，水分和黏性可影响包馅制品的成型和口味。

水分含量多、黏性小，不利于包捏；水分含量少、黏性大，馅心口味粗“老”。因此馅心调制时，要适度控制水分和黏性。

馅心调制主要有生拌与熟制两种方法。生菜馅具有鲜嫩、柔软、味美的特点，多选用新鲜蔬菜制作，其含水量多在90%以上，而且黏性很差，必须减少水分、增加黏性。减少水分的办法：蔬菜洗净切碎后，采用挤压或盐腌方法去除水分；增加黏性，则采取添加油脂、酱类及鸡蛋等办法。生肉馅具有汁多、肉嫩、味鲜的特点，但必须增加水分、减少黏性。可采用“打水”或“掺冻”的办法，并加入调味品，使馅心水分、黏性适当。熟菜馅多用干制菜，泡后熟制，黏性较差；熟肉馅在熟制过程中，馅心又湿又散，黏性也差。所以，熟制馅一般都采用勾芡的方法，增加馅心的卤汁浓度和黏性，使馅料和卤汁混合均匀，以保持馅心鲜美入味。生甜馅水分含量少，黏性差，常采用加水或油打“潮”增加水分；加面粉或糕粉增加黏性。熟甜馅，为保持适当水分，常采用泡、蒸、煮等方法调节馅心的水分；原料加糖、油炒制成熟，增加黏性。

2）馅料细碎。馅料细碎，是制作馅心的共同要求。馅料宜小不宜大，宜碎不宜整。因坯皮是粉料调制而成，非常柔软，如果馅料大或整，难以包捏成型，熟制时易产生皮熟馅生、破皮露馅的现象。所以馅料必须加工成细丝、小丁、粒、末、蓉（泥）等形状。具体规格要根据面点品种对馅心的要求来决定。

3）馅心口味稍淡。馅心在口味上的要求与菜肴一样，要鲜美适口、咸淡适宜。但由于面点多是空口食用，再加上经熟制会失掉一些水分，使卤汁变浓，咸味相对增加。所以，馅心调味应比一般菜肴淡些。水煮面点及馅少皮厚的品种除外。

4）根据面点成型特点制作馅心。由于馅料的性质和调制方法的不同，制出的馅心有干、硬、软、稀等区别。制作包馅面点时，应选择合适硬度的馅心，这样才不至于面点在熟制后“走形”“塌架”。一般情况下，制作花色面点的馅心应稍干一些、稍硬一些；皮薄或油酥面点的馅心应软硬适中或用熟馅，以防影响制品形态和口味。

（2）馅心制作注意事项

1）原料经检查后，符合要求才能使用。

2）制作前做好手、刀、设备的清洗消毒工作。

3）馅心用多少加工多少，剩余馅心放入冰箱储存。

4）加工用具、容器要生熟分开。

5）工作结束后，刀、设备等洗刷干净。

3. 厨房面点成型、成熟的管理

（1）明确面点成型、成熟的标准

1）不同面点的成型，有不同的成型标准。具体的品种其皮料重量、馅料重量、纹路多少

等，都要符合要求。

2）不同面点的成熟，有不同的成熟标准。常用加热方式有蒸、烤、炸、煎、煮等，加热具体品种时，要掌握具体品种的加热时间、温度、火力的大小等，使面点制品达到最佳成熟状态。

（2）制订面点成型、成熟的管理制度

1）工作前需先擦净工作台和工具，工作后将各种用具洗净、消毒，注意通风保存。

2）严格检查所用原料，严格过筛，挑选，不用不合格标准原料。

3）蒸箱、烤箱、蒸锅、和面机等用前要洁净，用后及时洗擦干净，用布盖好。

4）盛装米饭、点心等食品的笼屉、筐箩，使用后要用热碱水洗净，盖布、纱布要专布专用，定期拆洗设备。

5）擀面杖、馅挑、刀具、模具、容器等用后洗净，定位存放，保持清洁。

6）面点、糕点、米饭等熟食品凉透后存入专柜保存，食用前必须加热蒸煮透彻，如有异味不再食用。

7）制作蛋类制品，需选清洁新鲜的鸡蛋，散黄变质的蛋不得使用。

8）使用食品添加剂，必须符合国家卫生标准，不得超标使用。

9）冰箱卫生必须每天清理，每星期一次清理大扫除。注意个人卫生习惯，不要将各种垃圾随意丢弃，保证工作台面及地面的清洁卫生。

10）开餐、结束后必须用消毒液擦抹台板及冰箱把手、封条。

11）工作人员在上班时注意个人形象，衣服、帽子要保持清洁，做到“四勤”。

12）各岗位职责工作人员要认真做到，具体事项听从领班、厨师长具体分配。

（3）生产中的事项

1）不使用不符合卫生标准的原料。

2）使用调料、食品添加剂要符合卫生要求。

3）长时间使用高温油时，颜色变深的油脂要废弃。

4）品尝食品要用专用工具，禁止销售吃剩的食品。

5）加工用具、容器做到荤素、生熟分开。用后洗净，定位存放保洁。

4. 面点房的卫生管理制度

1）进入面点间的操作人员必须穿戴工作服和工作帽。非面点操作人员未经同意不准进入。

2）在制作面点前，操作人员应对工作台面、工作器具、容器、和面机等加工设备进行使用前的清洗。

3）对容易变质的冰鲜鱼、肉、家禽、水产、禽蛋等馅类原料，在制作前面点师应进行检查，确认符合《重要食品原料安全控制规定》的要求后才能进行加工。

4）面点师应熟练掌握各种点心的不同烹饪温度和时间要求，使食品内部的中心温度达到70℃以上，确保烧熟煮透。在蒸、煎、油炸带馅的点心时，应特别注意加热程度，防止出现“里生外熟”现象。

5）检查点心的生熟程度时，应采用洁净的探棒进行按、压和翻检。如需要进一步验证烹饪后面点的加工质量，应用公筷、公勺进行取样品尝，严禁用手或私筷、私勺直接测试和取样品尝。

6）当班加工剩余的原料或制作好的面点应放入冰箱内冷藏保存，生熟分开放置，存放时间不得超过12小时，冷藏温度应控制在10℃以下。再次取用时必须彻底加热，严禁把新制作的面点与剩品掺杂使用。

7）制作中掉落到地面的原料或点心，应用专用工具拣起，并置于带盖的容器内统一处理，禁止把待制作点心原料、操作用的工器具或容器直接放置于地面上。

8）面点间每次工作结束后，所使用的工作台面和加工设备等均应洗刷干净，抹布清洗后放入蒸锅内进行高温消毒后晾干。同时清扫水池和地面，不留食物残渣和卫生死角。面点间的内墙面、玻璃窗和纱窗等设施每周至少清洁一次，以保持良好的工作环境。

9）点心间主管负责进行卫生监督，一旦发生偏差时应立即纠正。对已加工的面点成品进行追查和验证，确认加工质量是否合格，对需要返工的成品，要求相关人员进行返工处理。所采取的纠正措施和实施效果等情况应记录在“纠正和预防措施处理单”上。

10）加工使用的刀具、模具、面案、擀面杖、勺、桶、盆、盘、蒸箱、汽锅、烤箱、饼铛、和面机、压面机等工具、容器设备，用后要洗刷干净，定位存放。

4.2.2 标准食谱的制订方法

1. 标准食谱制订程序

1）确定主配料分量。

2）规定调味料品种，试验确定每份用量。

3）根据主料、配料、调味料用量，计算成本、毛利及售价。

4）规定加工制作步骤。

5）选定盛器，落实盘饰用料及式样。

6）确定餐前服务方式和要求。

7）拍摄配备出品彩照。

8）填制标准食谱。

2. 具体品种的标准食谱的制订

制作各种具体的品种，不是随意写出菜点的具体原料品种、原料数量、操作过程，而是要经过几十次的科学实验得出。以扬州蛋炒饭为例。

（1）主料　上白籼米500克，草鸡蛋4个。

（2）配料　水发海参20克，熟草鸡腿肉30克，熟瘦火腿10克，水发干贝10克，上浆湖虾仁50克，水发香菇20克，熟净鲜笋30克，青豆10克。

（3）调料　香葱末10克，湖虾子1克，盐6克，绍酒6克，鸡清汤100克，色拉油60克。

（4）操作过程

1）将海参、鸡肉、火腿、香菇、笋均切成小方丁；鸡蛋磕入碗内，加盐、葱末，搅打均匀。

2）将锅置火上，倒入色拉油烧热，放人虾仁滑熟，捞出，放入海参丁、鸡丁、火腿丁、干贝、香菇丁、笋丁煸炒，加入绍酒、盐、鸡清汤，烧沸成浇头，盛入碗中。

3）将锅置火上，倒入色拉油，烧至五成热时，倒入鸡蛋液炒散，加入米饭炒匀，倒入一半浇头，继续炒匀，将饭的2/3分装盛入小碗后，将余下的浇头和虾仁、青豆、葱末倒入锅内，同锅中余饭一同炒匀，盛放在碗内盖面即成。

技能训练 1　厨房产品成本控制措施

成本控制是厨房管理中的核心问题，直接关系着酒店出品的质量和利润，也是提高毛利率的前提。厨房成本控制主要分五条线：采购、验货、领料、备料和定期盘点。酒店的整个出品完全掌控在这五个环节上，缺一不可。这五大环节环环紧扣，也是控制餐饮产品质量、提高毛利率的前提。

1. 采购控制

采购环节历来是酒店的"重灾区"，也是成本控制的关键，所以必须有一个部门来制约、监督，才能彻底解决这一问题，主要包括：物品的质量保证，杜绝以次充好；保证货源价位合理；采购数量要符合厨房的进货计划和储存条件；验货要开验收单，并在进货票据上签字交采购部。另外还要形成规律，在哪里购买，质量和价位若敲定下来就不要来回改。

2. 验货控制

验收人员职责要求为：按产品的规格要求验货；按产品质量要求逐一审验；物品的实际重量与申购单是否相同；核实原料的价位与原定的价格是否一致。除此之外，验收人员还要做到：开验货收据，并在供货票据上签字，然后将申购单据与验收单据交给采购部。

3. 领料控制

对于领料的监控，必须填写领料单，一式三联，一联留存，一联交财务，一联交库管，还必须有部门主管签字、总厨审核，特别是数量的控制。控制好发料，需严守“四不领”制度：没开领料单的不给领；工具类不在使用范围内的不领；替代他人，自己又不用的不领；本档口根本不需要的不给领。这样就避免了库房是大家的，你领我也领的混乱局面，从而控制了出库的数量。

4. 备料控制

开餐前的备料控制，又分切配控制及荷台调味品控制。将各种原料分层管理，并根据原料属性分装于不同的层内，每层标有原料类别；原料分类表张贴在冰鲜柜的门上，这样对保鲜的物品一目了然。对分类存放后哪一种原料备了多少份，库存几份，待加工的是哪几种，做到心中有数。调味品的控制重点是对调味品的添加、小料加工和菜品装饰的控制。常见的问题：荷台上到处摆满了瓶瓶罐罐，也不知道哪一种先开瓶，没有了就去库房领，造成荷台上杂乱无章。将调味品进行分类组合，如两个炒锅共用一组调料，在调料容器内以“警示线”为标准，少加、多分次。

5. 定期盘点

厨房即使编制了标准菜谱，每天都有总的销售额，却没有对每种菜肴的销售量和厨房剩余量的统计。为了解决这道难题，必须加强统计工作，以便为成本控制提供详细的基础资料。统计最简单有效的方法就是每天供餐结束后对食品原料进行盘点。定期核对实物与标准，每天对食品原料进行盘点是为了提供实际数据，将出库量减去盘点剩余量就是实际用量，将实际用量与标准用量进行比较，就能知道食品生产加工成本控制的效果了。标准用量要根据标准菜谱来计算，即将每道菜肴的用料品种与数量除以该菜肴的销售量，这就是该菜点的标准用量。标准用量与实际用量的差额就是食品生产加工成本控制的对象。

技能训练 2　松鼠鳜鱼的厨房成本核算报表

原料名称	用量/斤[㊀]	单位成本/（元/斤）	金额/元
鳜鱼	1.00	28.00	28.00
竹笋	0.05	1.60	0.08
青豆	0.05	6.00	0.30
番茄沙司	0.20	5.80	1.16
色拉油	0.15	13.20	1.98
调味品折价	1份	1.00	1.00

一份松鼠鳜鱼的厨房成本是32.52元/份。

㊀ 1斤=500克，行业内厨房常用计量单位为斤，故不做换算。

技能训练3 制订宴会菜单

制订春末夏初淮扬风味一桌10人师生同庆宴，售价2000元。

上菜次序	菜点名称	烹调方法	口味
1	盐水老鹅	卤	咸鲜
1	酥皮蛰头	拌	葱油
1	红卤牛肉	卤	五香
1	盐水大虾	煮	咸鲜
1	双黄鸭蛋	蒸	咸鲜
1	香麻茭白	拌	麻辣
1	上素烧鸭	蒸	咸鲜
1	雪菜毛豆	拌	咸鲜
2	黑椒牛肉	炒	咸辣
3	鲍汁鹅掌	扒	咸鲜
4	榴莲酥点	烤	香甜
5	兰花鲍鱼	焖	咸鲜
6	姜葱青蟹	炒	咸鲜
7	水煮海鲜	烩	咸鲜
8	龙眼仔莲	蒸	甜
9	冬瓜烧卖	蒸	咸鲜
10	五丁小包	蒸	咸鲜
11	时令苋菜	炒	咸鲜
12	养身丸汤	汆	咸鲜
13	板桥炒饭	炒	咸鲜
14	水果拼盘	—	甜

复习思考题

一、名词解释

1. 厨房管理。
2. 厨房成本。
3. 直接成本。
4. 间接成本。
5. 营业成本。
6. 综合毛利率。
7. 毛利率。

二、简答题

1. 简述直接成本控制的方法。
2. 简述间接成本控制的方法。
3. 简述原材料类成本价格方面的控制方法。
4. 简述原材料产品质量的控制。
5. 简述编制成本报表的要求。
6. 简述原料初加工阶段管理的作用。
7. 简述馅心制作注意事项。
8. 简述面点房卫生管理制度。
9. 简述标准食谱制订程序。

项目 5

培训与指导

- 培训与指导
  - 学员培训
    - 教学教法常识
    - 教案的编写方法
    - 培训计划的编写方法
    - 论文写作知识
  - 专业技能指导
    - 初级中式面点师的一般工作
    - 中级中式面点师的一般工作
    - 高级中式面点师的一般工作

5.1 学员培训

对厨房中的烹饪技术人员实行定期培训，以期提升厨师的烹饪技术，提高菜点的质量。

5.1.1 教学方法常识

教学方法由指导思想、具体方法、教学方式三个层面组成。教学方法包括教师教的方法和学生学的方法两大方面，是教学方法与学习方法的统一。教学法必须依据学习法，否则便会因缺乏针对性和可行性而不能有效地达到预期的目的。但由于教师在教学过程中处于主导地位，所以在教法与学法中，教法处于主导地位。

教学方法主要有：以语言传递信息为主的方法，包括讲授法、谈话法、讨论法、读书指导法等；以直接感知为主的方法，包括演示法、参观法等；以实际训练为主的方法，包括练习法、现场教学法、实验法、实习作业法；以欣赏活动为主的教学方法，如陶冶法等；以引导探究为主的方法，如任务驱动法、自主学习法、发现法、探究法等。

1. 讲授法

讲授法是教师通过简明生动的口头语言向学生传授知识的方法。它通过叙述、描绘、解释、推论来传递信息、传授知识、阐明概念、论证定律和公式，引导学生分析和认识问题。运用讲授法的基本要求是：

1）讲授既要重视内容的科学性和思想性，同时又要尽可能地与学生的认知基础发生联系。

2）讲授应注意培养学生的学科思维。

3）讲授应具有启发性。

4）讲授要讲究语言艺术。语言要生动形象、富有感染力，清晰、准确、简练，条理清楚、通俗易懂，尽可能音量、语速要适度，语调要抑扬顿挫，适应学生的心理节奏。

讲授法的优点是教师容易控制教学进程，能够使学生在较短时间内获得大量系统的科学知识。但如果运用不好，学生学习的主动性、积极性不易发挥，就会出现教师“满堂灌、学生被动听”的局面。

2. 讨论法

讨论法指在教师的指导下，学生以全班或小组为单位，围绕教材的中心问题，各抒己见，通过讨论或辩论活动，获得知识或巩固知识的一种教学方法。优点在于，由于全体学生都参加活动，可以培养合作精神，激发学生的学习兴趣，提高学生学习的独立性。一般在高年级学生或成人教学中采用。运用讨论法的基本要求是：

1）讨论的问题要具有吸引力。讨论前教师应提出讨论题目和讨论的具体要求，指导学生收集阅读有关资料或进行调查研究，认真写好发言提纲。

2）讨论时，要善于引导学生自由发表意见。讨论要围绕题目中心，联系实际，让每个学生都有发言机会。

3）讨论结束时，教师应进行小结，概括讨论的情况，使学生获得正确的观点和系统的知识。

3. 读书指导法

读书指导法是教师指导学生通过阅读教科书或参考书，以获得知识、巩固知识、培养学生自学能力的一种方法。

4. 演示法

演示法是教师在课堂上通过展示各种实物、直观教具或进行示范性实验，让学生通过观察获得感性认识的教学方法，是一种辅助性教学方法，要和讲授法、谈话法等教学方法结合使用。运用演示法的基本要求是：

1）目的要明确。

2）现象要明显且容易观察。

3）尽量排除次要因素或减小次要因素的影响。

5. 练习法

练习法是学生在教师的指导下巩固知识、运用知识、形成技能技巧的方法。在教学中，练习法被各科教学广泛采用。练习法一般可分为以下几种：

1）语言的练习。包括口头语言和书面语言的练习，旨在培养学生的表达能力。

2）解答问题的练习。包括口头和书面解答问题的练习，旨在培养学生运用知识解决问题的能力。

3）实际操作的练习。旨在形成操作技能，在技术性学科中占重要地位。

6. 现场教学法

现场教学法是以现场为中心，以现场实物为对象，以学生活动为主体的教学方法。教学是在校内外实训基地进行，主要应用于育种试验布局规划、试验设计、作物性状的观察记载方法等项目的教学。

7. 任务驱动法

教师给学生布置探究性的学习任务，学生查阅资料，对知识体系进行整理，再选出代表进行讲解，最后由教师进行总结。任务驱动教学法可以以小组为单位进行，也可以以个人为单位组织进行。教师布置任务要具体，学生要积极提问，以达到共同学习的目的。任务驱动教学法可以让学生在完成“任务”的过程中，培养分析问题、解决问题的能力，培养学生独立探索及合作精神。

8. 自主学习法

为了充分拓展学生的视野，培养学生的学习习惯和自主学习能力，锻炼学生的综合素质，通常给学生留思考题或对遇到的一些生产问题，引导学生利用网络资源以自主学习的方式寻找答案，提出解决问题的措施，然后提出讨论评价。

自主学习法主要应用于课程拓展内容的教学，如项目教学未涉及的小作物具体的育种方法和特点，组织学生自主学习，按照论文的形式并撰写学习小论文，交由老师评价。锻炼学生提出问题、解决问题和科技写作的能力。

5.1.2 教案的编写方法

教案是教师为顺利有效地开展教学活动，根据课程标准，教学大纲和教科书要求及学生的实际情况，以课时或课题为单位，对教学内容、教学步骤、教学方法等进行的具体设计和安排的一种实用性教学文书。教案包括教材简析和学生分析、教学目的、重难点、教学准备、教学过程及练习设计等。教案中对每个课题或每个课时的教学内容，教学步骤的安排，教学方法的选择，板书设计，教具或现代化教学手段的应用，各个教学步骤教学环节的时间分配等，都要经过周密考虑，精心设计而确定下来，体现着很强的计划性。

编写教案要依据教学大纲和教科书。从学生实际情况出发，精心设计。一般要符合以下要求：明确地制订教学目的，具体规定传授基础知识、培养基本技能、发展能力及思想政治教育的任务，合理地组织教材，突出重点，解决难点，便于学生理解并掌握系统的知识。恰当地选择和运用教学方法，调动学生学习的积极性，适应大多数学生，同时注意培养优秀生和提高后进生，使全体学生都得到进步。

编写教案的繁简度，一般有经验的教师写得简略些，而新教师写得详细些。平行班用的同一课题的教案设计，根据上课班级学生的实际差异亦有所区别。原定教案，在上课进程中可根据具体情况做适当的调整，课后随时记录教学效果，进行简要地自我分析，有助于积累教学经验，不断提高教学质量。

在实际教学活动中，教案起着十分重要的作用。编写教案有利于教师理解教材内容，准确把握教材的重点与难点，进而选择科学、恰当的教学方法。有利于教师科学、合理地支配课堂时间，更好地组织教学活动，提高教学质量，收到预期的教学效果。

1. 编写教案应遵循以下原则

1）科学性。所谓科学性，就是教师要认真贯彻课标精神，按教材内在规律，结合学生实际来确定教学目标、重点、难点。设计教学过程，避免出现知识性错误。远离课标，脱离教材完整性、系统性，随心所欲另搞一套的写教案的做法是绝对不允许的。一个好教案首先要依标合本，具有科学性。

2）创新性。教材是死的，不能随意更改。但教法是活的，课怎么上全凭教师的智慧和才干。尽管备课时要去学习大量的参考材料，充分利用教学资源，听取名家的指点，吸取同行经验，但课总还要亲自去上，这就决定了教案要自己来写。教师备课也应该经历一个相似的过程。从课本内容变成胸中有案，再落到纸上，形成书面教案，继而到课堂实际讲授，关键在于教师要能“学百家，树一宗”。在自己钻研教材的基础上，广泛地涉猎多种教学参考资料，向有经验的老师请教，而不要照搬照抄。要汲取精华，去其糟粕，对别人的经验要经过思考、消化、吸收，独立思考。然后结合个人的教学体会，巧妙构思，精心安排，从而写出自己的教案。

3）差异性。由于每位教师的知识、经验、特长、个性是千差万别的。而教学工作又是一项创造性的工作。因此写教案不能千篇一律，要发挥每一个老师的聪明才智和创造力，所以老师的教案要结合本地区的特点，因材施教。

4）艺术性。所谓教案的艺术性就是构思巧妙，让学生在课堂上不仅能学到知识，而且得到艺术的欣赏和快乐的体验。教案要成为一篇独具特色的“课堂教学散文”或课本剧。所以，开头、经过、结尾要层层递进，扣人心弦，达到立体教学效果。教师的说、谈、问、讲等课堂语言要字斟句酌，要恰当地安排。

5）可操作性。教师在写教案时，一定要从实际出发，考虑教案的可行性和可操作性。该简就简，该繁就繁，要简繁得当。

6）考虑变化性。由于教学面对的是一个个活生生的有思维能力的学生，又由于每个人的思维能力不同，对问题的理解程度不同，常常会提出不同的问题和看法，教师又不可能事先都估计到。在这种情况下，教学进程常常可能离开教案所预想的情况，因此教师不能死扣教案，把学生思维的积极性压下去。要根据学生实际情况改变原先的教学计划和方法，满腔热忱地启发学生的思维，针对疑点积极引导。为达到此目的，教师在备课时，应充分估计学生在学习时可能提出的问题，确定好重点、难点、疑点和关键问题。学生能在什么地方出现问题，大都会出现什么问题，怎样引导，要提前做出预估。如果出现打乱教案现象，也不要紧张。要因势利导，耐心细致地培养学生的进取精神。因为事实上，一个单元或一节课的教学目标是在教学的一定过程中逐步完成的，一旦出现偏离教学目标或教学计划的现象也不要紧张，这可以在整个教学进度中去调整。

2. 教案具体内容

1）课题（说明本课名称）。

2）教学目的（或称教学要求、教学目标，说明本课所要完成的教学任务）。

3）课型（说明属新授课，还是复习课）。

4）课时（说明属第几课时）。

5）教学重点（说明本课所必须解决的关键性问题）。

6）教学难点（说明本课学习时易产生困难和障碍的知识传授与能力培养点）。

7）教学方法（要根据学生实际，注重引导自学，注重启发思维）。

8）教学过程（或称课堂结构，说明教学进行的内容、方法步骤）。

9）作业处理（写明如何布置书面或口头作业）。

10）板书设计（写明上课时准备写在黑板上的内容）。

3. 板书关键

（1）教学目标 说明本课程所要完成的教学任务。

（2）教学重难点 说明本课程所必须解决的关键性问题和学习时易产生困难和障碍的知识传授与能力培养点。

（3）教学过程设计

1）导入新课。

2）讲授新课。

3）归纳小结。

4）作业布置。

4. 编写教案注意事项

编写教案要与时俱进。尽管各个学科课程都有各自的特点，教学形式和手段也不尽相同，但在培养学生成为德智体美全面发展、适应社会需求的高素质人才教育宗旨上是一致的，对教案的要求也是有共性的。

1）取材内容合理，切合课程宗旨，符合培养目标定位的要求，适应现实需要，讲述内容观点正确，有实际应用价值。

2）能够理论联系实际，通过典型事例研究分析，揭示学科相关基本理论、基本方法的实质和价值及明确的应用方向。

3）逻辑思路清晰，符合认识规律。在教知识的过程中渗透教学方法，通过互动式教学安排和过程，使学生能够举一反三，培养学生自主学习的习惯和能力。

4）不墨守成规，能继往开来，教案既是以往教学经验的总结，又是开拓知识新领域的钥匙，能够体现学科发展前沿要求，具有一定的前瞻性，与时代发展相适应。

5）教学方法有创新。不照本宣科，不满堂灌，给学生留有充分的余地，注重引导学生思考问题、研究问题、解决问题。遵循精讲多练的原则，讲要抓住本质、引人入胜；练要有的放矢，调动学生自己解决实际问题的积极性，让学生在教师的启发引导下，通过自身的探索，不但知道相关学科领域核心知识“是什么”和“为什么”，还要知道“做什么”“怎样做”，培养学生勇于实践勇于探索的精神和能力。

6）教案不能面面俱到、大而全，而应该在学科基本的知识框架基础上，对当前急需解决的问题进行研究、探索、阐述，能够体现教师对相关学科有价值的学术观点及研究心得。不是会什么讲什么、想讲什么讲什么，而是社会需要什么、学生将来走向社会需要什么就注重讲什么，就带领学生研究什么。

总之，教案是针对社会需求、学科特点及教育对象的具有明确目的性、适应性、实用性的教学研究成果，它也应是与时俱进的。

5.1.3 培训计划的编写方法

1．制订培训计划

培训计划是为实现一定的培训目标，将培训进行合理、有计划、有系统地安排而形成的一种指导性文件。通常一个完整的培训体系包括：培训课程体系、培训教师管理制度、培训效果评估和培训管理体系四部分。其中前三项是培训体系的三大核心工作内容。

制订培训课程体系。培训体系是动态平衡的体系，包括培训课程体系和培训教师调整，以及如何激励学员培训意愿，如何开发和管理培训，如何把培训课程的内容转化为工作流程和规范化的操作等，这些都是培训管理要考虑的，并通过制订相关制度加以落实培训体系。

一个培训课程体系构成主要包括三大部分：制度、课程和教师。

制度是基础，包括培训管理办法、培训计划、相关表单、工作流程、培训评估办法及内部教师管理制度。

课程是灵魂，包括课程设计、课件的制作、讲义编写、课程的评估。

教师是载体，也就是说教师仅仅是培训体系中的一个执行者，扮演的只是去演绎课程的角色。

培训制度的作用在于规范公司的培训活动，作为保证培训工作顺利进行的制度依据。包括培训管理办法、培训计划、相关的表单、工作流程、培训评估办法及内部讲师管理制度等几个部分，培训管理办法应充分体现培训的过程及培训结果评估，将与员工的绩效考核相结合。

建立培训课程体系首要工作就是建立培训制度，设计培训工作流程，制作相关的表单，制订培训计划。完成了制度建设，接下来的工作就是培训调研，即根据餐饮企业的发展规划及人力资源规划，针对培训体系建设提出问题，对企业情况进行全方位的了解，并做出调研报告，完成岗位核心知识和技能的确定，提出培训目标，制订相应的培训计划。根据培训计划进行课程设计。

课程是灵魂，培训的核心内容就是课程。培训的目的是提高员工的理论知识和技能操作水平，那么如何建立合理的课程体系呢？首先要做的是对现有岗位进行有效的岗位分析，确定该岗位的核心技能及关键技能；其次，对在岗员工的知识和技能进行测评，找出改进点；再根据改进点进行培训课程设计。这是以胜任岗位、改进工作为目标的课程设计方式。

课程设计、课件的内容、课程的审核评估会根据培训目标的不同而改变。

教师是课程的演绎者，主要职责是将该课程的核心精髓传达给学员。一个好的教师必须对课程涉及的内容有很深刻的了解，同时配合适当的授课技巧。有了制度的保证，完成了课程的编、导、演，接下来的任务就是培训评估。

培训评估主要是评估课程内容是否与培训目标相吻合，是否体现了培训的目标；采用量化关键指标的评估方式。授课效果评估主要是评估教师的授课技巧和演绎方式是否能被学员所接受；采用问卷调查的方式。

培训形式。培训通常是由内部培训和外部培训相结合来完成的。其形式不仅仅是通常意义上的课堂授课，还包括流行的情景演示。传统的师带徒、日常工作中的工作指导和指引也是非常理想的培训形式。有选择地引入外部培训，选择合适的培训方式，对于促进企业内部的知识更新和思想冲击能起到非常重要的作用。内部培训应该在整个培训过程中占有较大的比重，这样既有助于节约企业的成本，又防止了企业核心机密的外泄，同时形成学习型的氛围。更重要的是，企业的核心技术在企业内部的传播防止了关键员工离职对企业造成的损失，建立内部教师制度的重要性由此可见。建立内部教师队伍的难点在于无法充分调动教师的积极性。可以通过分析需要理论、把握人的核心需求的形式来改善，建立一套合理的教师管理办法和激励机制来解决。

企业培训体系指在企业内实施培训的组织机构、职责、方法、程序、过程和资源等诸多要素构成的整体。这些要素形成一套结构化的动态体系，能够在企业内部建立深层次的学习循环，不断提升员工和企业的学习力，进而不断提升企业的核心竞争力。培训体系主要由10个要素构成，即培训理念、培训管理体制、培训管理制度、培训机构、培训课程与教材、培训者队伍、需求分析、设计与策划、组织与实施、考核与评估等。这些要素之间相互联系，互相影响，形成了一个有机整体。

餐饮企业培训原则如下。

（1）系统性 员工培训是一个全员性的、全方位的、贯穿员工职业生涯始终的系统工程。

(2) 制度化 建立和完善培训管理制度，把培训工作例行化、制度化，保证培训工作的贯彻落实。

(3) 主动性 强调员工参与和互动，发挥员工的积极性、主动性。

(4) 多样化 开展员工培训工作要充分考虑受训对象的层次、类型，考虑培训内容和形式的多样性。

(5) 效益性 员工培训是人、财、物投入的过程，是价值增值的过程，培训应该有产出和回报，应该有助于提升公司的整体绩效。

根据企业不同的战略目标、市场导向、发展阶段、业务需求、领导支持程度，对于培训体系的搭建大致可以分为观望型、摸索型、成熟型、标杆型四种。观望型、摸索型属于培训体系搭建的初始阶段，需要更多的行业成功经验、丰富的专业人才储备，才能够更规范地开展。而成熟型、标杆型都是相当稳定、专业、系统化、结构完整的培训体系模型，主要特点为内部资源丰富、培训形式多元、领导支持力度高、员工认同度高、培训成效卓越，因此经常成为其他企业观摩学习，甚至成为行业标准的组织或模范。

不论哪一类型的培训体系，在发展过程中都需要系统性的思考培训策略、培训形式、培训内容、培训教师等条件所带来的影响，并通过企业问题的解决与否来评判培训的效能、确定优化的方向。

2. 餐饮企业培训策略

(1) 长期培养还是短期培养 高速扩展、业务范围多且广、面向全国甚至国际市场、特殊专业领域的中大型、特大型企业，多以人才的长期培养为主，搭配短期的特定需求。这样可以将人才的个人目标与组织发展紧密结合，同时提供一个让人才发挥的平台，能够最大限度地用对人、做对事。如果企业只考虑进行长期培养，而忽略了某些需要立刻改善的问题，则容易造成过度的业务导向或技术导向，导致团队协作困难、士气不振等问题。因此，还要适当配合短期或特定项目的培训，如全员的职业素养、企业文化再造或强调、商务或办公室礼仪、内部服务意识、激励建设、沟通表达、情绪管理等。

如果缺乏系统性、长远规划的长期培训，仅根据不同阶段的发展需要进行短期培养，虽然在课程组织与安排上较容易掌控，但只能看到短期的成效，时间一久或管理疏漏时，员工就会恢复原状，这样反而浪费了培训资源与人力成本。

因此，不管企业处于什么样的阶段，必须有一套能与员工的职业规划相结合，并针对特定人才进行长远培养的培训系统。可以通过签订合同或协议、不同形式的书面承诺或抵押等方式进行约束管控，避免了人员在培训后流失的情况，也使人才能够在工作中具体掌握未来愿景，使企业的优良文化、精神面貌、核心价值、专业知识技术等能够有效传承、发扬光大。当企业遇到环境变化如竞争压力、人员结构转变、业务形态增加或异动，或面临特殊处境时，则需要弹性加入一些能够短期见效的培训计划，使企业有新的转机与更好的发展。

（2）由上而下还是由下而上 当企业经营管理层较重视培训的集体成效，且培训组织方在培训的开展上有较高的决策权和控制权时，就比较容易建立由上而下的培训模式。如某些金融行业、制造型行业、集团公司、跨国公司。其优点是通过由上而下的培训支持、管理落实、效果检验等，能够创造一种令员工养成良好工作习惯的环境，让内部人才培养得到持续的发展。高层培训的缺点是高层管理者由于时间原因使得组织起来不容易，而且高层在培训过程中因为工作事务较多难以专心全程参与，师资的选择也存在一定的难度。

根据岗位特点进行岗前培训和在岗培训。岗前培训主要针对新员工，这是最容易展现激情且对工作充满新鲜感的群体，他们就像一张白纸，因此容易对他们导入企业文化、经营理念、职场价值观。在岗培训则依专业培训类、通识技能类进行差异化教育，除了更有针对性，还能够使培训资源集中利用。当然在学员的资格评选上，除了考虑工作年资、绩效表现、组织贡献度，还要综合评价学员的组织认同度、品德修养、学习意愿、职业素养、职业道德等问题。多数企业推崇人才必须从基层开始培养，培训过程要注意如果只重视能力培养，无法塑造真正的人才，唯有兼顾态度培养才能激发员工的使命感、责任感。人才的选拔、培育，需要以德为先，这样才能够创造出符合企业需求的精品型员工！

企业在建立培训课程体系时，必须从战略的高度、经营的宽度、管理的深度进行长远规划，并且掌握内外部环境各种可控、不可控的因素，多参考成功模型，多思索自身特质，才能够设计出一套符合自身企业发展，并且能因时、因地、因人制宜的完整体系。建立培训课程体系的前提如下。

1）建立有效的培训体系，得了解企业的经营方针与战略目标；得对企业现状深入调查研究；得配备保驾护航的规章制度；得设法通过培训经费预算关；培训计划得学会灵活执行；得有不同的考核方式。模拟示范：由单位主管负责，由学员扮演相应角色，从实际操作中评价学员是否领悟学有所用，从操作能力看课程作用；绩效比对：由绩效考核单位建立个人与单位比较平台，从历史数据的对比关系中反映所开课程的作用。

2）建立有效的培训体系，勿忘从企业实际出发。不同企业会有不同的培训方式与要求，但培训体系的建立遵循企业运作情况是切实可行的。任何卓越的培训师在建立培训体系时，一旦脱离企业实际运行状况，凭空设想，就等于琼楼玉宇失去赖以支撑的基础，最终的结局是倒塌。任何培训体系的设计，只有符合本企业的发展实际需求，才能在企业内部具有蓬勃的生命力。

企业建立一个培训体系并不难，请个专业的咨询公司很快就能解决。难就难在怎样使这个体系按照设定的方向和轨道持续运行。在已经建立培训体系的企业里，成功运行的概率估计可能不到50%。因为成功的培训体系一方面需要企业的持续投入，另一方面，更需要企业内部的推动。

任何一种培训体系都不会自动运行，在前期，一定需要管理者去强势推动，这是培训体系成功运作的秘诀，这种推动是在培训的系统流程之外的一种方法和技巧，具体方法有：

①按月召开培训座谈会。②设计内部教师荣誉榜。③定期举办培训征文活动，然后公开评选，选出前三名进行表彰。④举办心得报告评选。⑤实施月度优秀教师奖励。⑥实施月度优秀部门评选，对培训目标顺利达成、培训组织到位、支持配合度高的部门进行荣誉奖励。⑦实施月度优秀学员评选奖励。⑧制订行动计划。⑨与外部培训机构合作。⑩结合培训工作的实际。

3. 制订培训管理体系

培训管理体系是把原本相对独立的培训课程体系、培训教师管理制度、培训效果评估融入企业管理体系中，尤其要和晋升体系、薪酬体系相配合。

（1）如何建立培训课程体系 培训课程设置建立在培训需求分析基础之上，员工入职培训课程设置较为简单，属普及性培训，课程主要包括企业文化、企业政策、企业相关制度、企业发展历史等。固定培训课程是基础性培训，是从事各类各级岗位需掌握的知识和技能，岗位调动、职位晋升、绩效考核反应知识与技能有欠缺者需加强固定课程培训。动态培训课程是根据科技、管理等发展动态，结合企业发展目标和竞争战略做出的培训分析，这类培训能保证员工能力的提升，为企业的发展提供人才支持。

（2）培训教师队伍建设 教师是整个培训流程的源头，教师水平的高低决定了培训质量的好坏。培训教师来源基本上有两种途径：一是外部聘请，二是企业内部教师。

（3）培训管理体系 培训体系是动态平衡的体系，包括培训课程体系和培训教师体系。

人力资源部会同各级部门，从岗位分析入手，对所有岗位进行分类，如分为管理类、专业类、技术类等。在分类基础上对每一类进行层次级别定义和划分。由此，按照企业的组织结构和岗位胜任模式来建立固定课程体系就有了分析的基础和依据。以各级各类岗位为基础，分析员工开展业务工作所需的职业化行为模块和行为标准，在分析这些活动时，可以遵循以下思路：从活动开展的内在逻辑关系来考虑、从活动范围来考虑、从活动内容本身组成部分来分析，分析支持这些职业化行为模块和行为标准所需的专业知识和专业技能。由此，确定各级各类的培训课程，从而开发出相应的培训教材。不同级别的必备知识可以是相同的，但在深度和广度上应该有所区别。

动态培训课程可以从两个层次上进行分析。

1）企业目标。分析企业的发展方向和竞争战略所希望达到的目标。考虑与此相关的管理思路、管理观念和工作重点的转移，组织流程的改造及涉及新的技术领域、工艺技术，并以此确定培训课程。还要从科技发展角度分析。如今科学技术、管理知识发展日新月异。当一项工作内容发生重大革新时，通过由此带来的新技术、新的管理理念来确定培训课程。培训体系建立之后，培训对象的确定，可以遵循以下思路：高层管理者，根据企业经营策略确定企业的人员要求，并由人力资源部分析并确定相应的人员培训；中层管理者，根据企业为他们制订的发展计划和绩效考评的结果，由高层管理者和人力资源部分析和确定他们的下一步发展需求；基层管理者和普通员工，由中层管理者根据员工的绩效考评来分析确定他们的培训需求，员工可以自己提出培训需求，得到上一级主管及人力资源部认可即可。

2）教师队伍。教师的主要任务是讲课、教材开发和参与培训课程的设置。对教师的工作绩效可半年或一年考核一次，优胜劣汰。同时为支持和鼓励教师主动积极地开展培训工作，应该给教师一定的时间从事教材的开发和一定的讲课费和教材开发费。企业应帮助教师不断提高业务水平，组织他们进行专业培训和技能训练。

4. 培训效果评估

培训效果评估是培训流程中的最后一个环节。评估结果将直接用于培训课程的改进和教师调整等方面。评估从四个方面考察。

第一层评估，反应层面。这类评估主要是考核学员对培训教师的看法，培训内容是否合适等。这是一种浅层评估，通常是通过设计问卷调查表的形式进行。

第二层评估，学习层面。主要是检查学员通过培训，掌握了多少知识和技能。可以通过书面考试或撰写学习心得报告的形式进行检查。

第三层评估，行为层面。该层关心的是学员通过培训是否将掌握的知识和技能应用到实际工作中，提高工作绩效。此类评估可以通过绩效考核方式进行。

第四层评估，结果层面。这类评估的核心问题是通过培训是否对企业的经营结果产生影响。结果层面的评估内容是一个企业组织培训的最终目的，也是培训评估最大的难点。因为对企业经营结果产生影响的不仅仅是培训活动，还有许多其他因素都会影响企业的经营结果。

5.1.4 论文写作知识

要撰写烹饪工艺方面的论文，必须知道论文写作的基础要求，论文的基础知识。烹饪工艺方面的论文，是由烹饪工艺研究者对其成果进行理论和科学总结的科技写作文体，其内容上要求具有科学性、首创性、逻辑性，这是烹饪科技论文在方法论上的特征，使它与其他文体有所区别。其描述的不仅涉及科学和技术领域的命题，更重要的是论述的内容具有可靠性，必须根据足够的、可靠的实验数据或观察现象作为立论基础；首创性要求所提示事物的属性、特点及运动规律是前所未有的，其创新程度虽有大有小，但应有独到之处，不能仅仅重复前人的工作；逻辑性要求思路清晰、结构严谨、演算正确、推论合理、编排规范、文字通顺、自成体系。烹饪工艺科技论文的体裁及其所采用的结构通常包括标题、署名、摘要、关键词、前言、正文、结语、参考文献等。在写作时还须根据实际情况灵活运用。

1. 论文的标题拟定

标题是烹饪论文内容的高度概括，是读者寻找资料的向导，也是图书分类的主要依据。标题必须简明，有高度概括性，一般不超过20个字。有些标题删改后内容不易表述清楚时，则可采用副标题的方式。题名应避免使用非公知公认的外来语缩写词、字符、代号，尽量不出现化学式和数学式等，以便于数据库的收录。

2. 作者的署名和摘要、关键词

文章都应有作者署名，它是文责自负和拥有知识产权的标志。署名者可以是个人作者、合作作者、团体作者。署名格式为：作者姓名、作者单位。如此著录有利于读者与作者的联系，便于学术交流。

摘要是文章主要内容的摘录，是论文的浓缩，即对文稿内容准确而不加诠释、评论的简短陈述。摘要的作用在于：对读者起导读作用；适应了机编数据库的需要，提高了论文的共享率；便于文摘等载体进行再次文献采用。摘要的内容应具有独立性和自含性，要尽量反映文稿的定量或定性的信息，包括研究目的、方法、结果、结论等重要信息，尤以结果、结论为重点。摘要在内容上等量于文稿的主要信息，它是一篇完整的短文，可以独立使用。摘要的撰写要排除在本学科领域已成常识的内容，不对论文作诠释和评价，尤其不要作自我评价，表述简明准确，篇幅宜短，200字左右，一般不分段落，用第三人称口气简述。

关键词是烹饪科技论文的文献检索标识，关键词选用是否得当，关系到该文被检索的概率和该成果的利用率。关键词是从文章的题名、摘要、层次标题和正文中选出来的，能够反映论文主题概念的词或词组，同时，选出的词或词组要尽量与《汉语主题词表》中所提供的规范词相一致。烹饪科技论文一般采用3~8个关键词。

3. 前言与正文的阐述

前言又称引言，是论文的开场白，内容一般包括论文的主旨、目的、背景和研究所涉及的范围，其作用在于：一是引出论述的问题由来，交代实验的论题，说明前人的工作、近期的进展、尚存的问题、现有的知识空白、可能的解决途径等；二是交代开展此项研究工作的目的、实验研究涉及的范围或取得的适用范围；三是实验研究所采用的方法、途径及取得成果的自我评论。以此引导读者正确判断该实验研究所属领域的地位和作用。前言应择要叙述、条理分明，一般不分段。在自我评论时，对“世界先进水平”“前所未有”这类词的使用上需谨慎，要实事求是。前言内容要避免与摘要雷同，应与结论相呼应。

正文是科技论文的主体，是精辟地解释事实和进行学术讨论的展开部分，它集中体现了作者研究成果的学术性和创造性，也是体现论文质量的核心部分。正文的论述方式有两种：一种是将研究过程作为一个整体，对有关方面作综述性的论述；另一种是将研究的过程按研究内容的实际情况划分为几个阶段，再对各阶段的成果依次进行论述。由于烹饪工艺有着特定的研究对象、研究方法和研究成果，一般的烹饪实验论文的正文分为两个部分，即材料和方法，结果和分析。材料和方法要求说明实验所采用材料的名称、产地、品种等。有时实验设备也应交代清楚，如采用的仪器设备和设备的规格型号精确度等。结果和分析包括对实验研究中观察到的现象、结果、新的创造和所取得成果的阐述，经统计分析、加工整理后归纳成表格或制成图像，进行剖析、解释，以科学地揭示事物发展的规律和本质。此外还应对实验的重复性、误差和可信程度及存在问题进行说明，指出今后可能的发展趋势。结果和分析的撰写，要求概念明确、判断恰当、推理合乎逻辑、具有说服力和明确的见解。

正文在撰写过程中，应把握层次标题格式统一，计量单位和数字应符合国家标准，编制图表规范、正确。

4. 结语的概括和参考文献

结语是论文的归结及自我评价部分，常以结论、结语、小结等形式出现，是文中结果的分析或结果和讨论的终结，既要避免不必要的复述，也不可超越其所论及的范围，还应以科学的态度严谨地进行总结和评价。结语部分篇幅不宜过长，要求文语精炼、措辞准确、实事求是地反映出如下内容：一是对研究对象进行考察或实践得到的结果所揭示的原理及其普遍性；二是与已有的研究工作的异同；三是本论文在理论上和实用上的意义及其价值；四是进一步深入研究本课题的建议。

参考文献的著录。作者在文中准确引用有关的参考文献以佐证自己的观点，并在文中标注、文后列表著录。这既体现了对他人劳动成果的尊重，也表明了论文的科学依据和应有的严肃性，同时也区分了作者的创造与他人成果的归属，著录参考文献的索引作用，便于读者查找原著。

著录文献要精选，仅限于著录作者亲自阅读过并在论文中直接引用的文献。而且，无特殊需要时不必罗列众所周知的教科书或某些陈旧史料。并只著录公开发表的文献。公开发表指在国内外公开发行的书刊上发表。未公开的内部交流文章，包括国内外学术会议的交流文章等均不宜作参考文献。

5.2 专业技能指导

作为一名中式面点技师，除了专业技能过硬外，还应有一定的指导中式面点初级、中级、高级专业技能的能力。

5.2.1 初级中式面点师的一般工作

指导初级中式面点师，主要对下列四个方面进行重点指导。

（1）水调面品种制作　①面坯调制。能对冷水面坯配料，能对温水面坯配料，能调制冷水面坯，能调制温水面坯。②生坯成型。能制作饺子皮、馄饨皮、烧卖皮、面条。③产品成熟。用煮、烙、炸方法使生坯成熟。

（2）膨松面品种制作　①面坯调制。能调制生物膨松面团。②生坯成型。能制作生物膨松无馅品种。③产品成熟。使无馅品种成熟。

（3）米制品制作　①米水配置。②饭粥熟制。

（4）杂粮品种制作　①生坯成型。玉米面、小米面类生坯和对其熟制。②产品成熟。

5.2.2 中级中式面点师的一般工作

指导中级中式面点师，主要对下列六个方面进行重点指导。

（1）馅心制作　①原料选择。动植物、调味料的选择。②原料加工。对生拌馅、糖油馅的加工。③口味调制。对生咸馅、甜馅调味。

（2）水调面品种制作　①面坯调制。调制热水面团。②生坯成型。热水面团成型。③产品成熟。煮、烙、炸、煎法将水调面团成熟。

（3）膨松面品种制作　①面坯调制。能调制化学膨松面团。②生坯成型。化学膨松面团、生物有馅膨松面团的成型。③产品成熟。烤、炸、蒸、煎法使其成熟。

（4）层酥面品种制作　①面坯调制。层酥面团调制。②生坯成型。层酥面团成型。③产品成熟。烤、烙法将层酥制品成熟。

（5）米制品制作　①面坯调制。能调制生粉坯、熟粉坯、米粉坯。②生坯成型。对生粉坯、熟粉坯成型。③产品成熟。使生坯成熟。

（6）杂粮品种制作　①面坯调制。莜麦、荞麦、蔬果面坯。②生坯成型。使其成型。③产品成熟。使其成熟。

5.2.3　高级中式面点师的一般工作

指导高级中式面点师，主要对下列七个方面进行重点指导。

（1）馅心制作　①原料加工。②馅心熟制。能制作甜馅、咸馅、卤臊浇头。

（2）水调面品种制作　①面坯调制。②生坯成型。制成筋性好的水调面生坯。③产品成熟。根据品种，调整成熟方法。

（3）膨松面品种制作　①调制面坯。能调制各种膨松面团。②生坯成型。能制作膨松面团生坯。③产品成熟。各种膨松面团品种的成熟。

（4）层酥面品种制作　①调制面坯。各种包酥的调制。②生坯成型。各种包酥的成型。③产品成熟。烤、烙、炸这三种烹法使酥类制品成熟。

（5）米制品制作　①调制面坯。能调制黏质、松质粉团。②生坯成型。能制作黏质、松质粉团生坯。③产品成熟。对生坯进行成熟。

（6）其他面坯品种的制作　①调制面坯。能调制薯类、澄粉、浆皮、豆类、鱼虾、羹汤、胶冻类的面坯。②生坯成型。将上面的面坯成型。③产品成熟。对产品进行成熟。

（7）面点装饰　①成品装盘。能搭配装盘的图形、色彩。②成品装饰。用沾、撒、搓、捏、挤等方法做盘饰。

复习思考题

一、名词解释

1. 教学方法。
2. 讲授法。
3. 讨论法。
4. 读书指导法。
5. 演示法。
6. 现场教学法。
7. 任务驱动法。
8. 教案。

二、简答题

1. 简述运用讲授法的基本要求。
2. 简述运用讨论法的基本要求。
3. 简述编写教案应遵循的原则。
4. 简述教案具体内容。
5. 简述编写教案注意事项。
6. 简述餐饮企业培训原则。
7. 简述餐饮企业培训策略。
8. 试述如何制订培训管理体系。
9. 简述初级中式面点师的一般工作。
10. 简述中级中式面点师的一般工作。
11. 简述高级中式面点师的一般工作。

第二部分

中式面点师

（高级技师）

项目 6

菜点生产

- 菜点生产
  - 面点创新
    - 面点创新知识
    - 食物成分在烹调加工中的变化
  - 热菜制作
    - 常用基本烹调方法的基本特点及运用
    - 常用基本烹调方法基本操作要点
    - 技能训练1　脆炸红薯球
    - 技能训练2　紫薯拉糕
    - 技能训练3　叉烧肉烧饼
    - 技能训练4　草莓果
    - 技能训练5　川湘风味——鱼香肉丝
    - 技能训练6　川湘风味——宫保鸡丁
    - 技能训练7　川湘风味——剁椒鱼头
    - 技能训练8　齐鲁风味——葱爆羊肉
    - 技能训练9　齐鲁风味——煎烹大虾
    - 技能训练10　齐鲁风味——鲜贝原鲍
    - 技能训练11　闽粤风味——蚝油牛肉
    - 技能训练12　闽粤风味——葱油烤鱼
    - 技能训练13　闽粤风味——避风塘炒蟹
    - 技能训练14　闽粤风味——淡糟香螺片
    - 技能训练15　江浙风味——软兜长鱼
    - 技能训练16　江浙风味——鸡粥菜心
    - 技能训练17　江浙风味——葫芦虾蟹

菜点生产指烹饪过程中的各种菜肴制作和面点制作过程。这两个过程既有区别，又有联系，同时还具有一定的共性。菜肴制作是在菜肴生产间完成的，主要包括烹饪原料的选择，原料的初加工，部分原料经过精加工，初步熟处理，原料的成熟，装盛到合适的餐具中。面点制作是在面点生产间完成的，主要包括面点原料的选择，部分原料的初加工，馅心制作，坯皮原料的制备，制作面皮，包入馅心，制作成生坯，用合适的成熟方法制熟，装入盛器中。菜肴制作和面点制作都在厨房中进行，只是在不同的操作间中完成不同的过程。它们的原料都是经过相同的采购、检收，并都制作成色、香、味、形、质俱佳的食品。

6.1 面点创新

面点创新是指在面点生产过程中，使用了新原料、新方法、新工艺、新工具等创造出的与原有面点品种有着不一样风味特征的具体面点品种。

面点创新颇多，很多美食研究者也提出过一些不同的看法，并进行了归纳和总结，通过多年的研究，总结得出一些新思路。

面点创新方法主要表现在以下几个方面：一是面点原料的创新。运用特色原料如咖啡、巧克力、可可粉、干酪、炼乳、奶油、椰浆、绿茶等原料；二是面点馅心的创新。目前用于面点馅心的原料品种单一，不够丰富，发展空间较大。另外馅心口味较少，有甜味、咸味、甜咸味等，可以充分运用多种调味品，制作出多种口味的馅心；三是面点造型的创新。面点造型的发展，是一个长期的过程，应该运用自然界多种动物、植物的外形，写实或抽象地创造出多种形态的面点品种；四是特色面点的创新。创制出一些营养面点、功能面点的制作来丰富面点品种。

6.1.1 面点创新知识

1. 运用新（坯皮）原料设计制作创新产品

中式面点制作的原料主要有皮坯料、馅料、调辅料及食品添加剂等，在充分运用传统原料的基础上，注意选用西式面点新型原料如咖啡、蛋片、干酪、蛋片、炼乳、糖浆等原料，以提高面团和馅料的质量，赋予创新面点品种特殊的风味特征。

水调面团在坯皮原料上的创新。水调面团主要品种有面条、馒头、饺子、烧卖、窝窝头等。目前面条基本上都是以白色为主，如果制成彩色，则可一举多得。面条品种的创新可以尝试加入一些蔬菜汁，以增加品种的营养，丰富面条的色彩，同时又创新了面条的品种。如加入青菜、菠菜、豌豆苗、苋菜、空心菜、生菜、胡萝卜、南瓜等。创新品种如菠菜虾仁面条、胡萝卜面条、生菜面条、荠菜面条、茼蒿面条等。

（1）菠菜虾仁面条 菠菜虾仁面条是在三鲜面条的基础上，加入菠菜汁后，变成绿色的面条，既丰富了色彩，又增加了营养，使面条的口感更加丰富。

原料

坯　料：面粉150克，嫩菠菜150克，玉米淀粉15克。

调配料：嫩菠菜15克，大虾仁25克，笋尖片10克，水发木耳10克，盐3克，黄酒5克，鸡精3克，鸡汤150克，精炼油500克（实耗25克）。

操作过程

1）将100克菠菜择洗干净，放入清水中洗净，用粉碎机打成泥，用纱布取其汁待用。面粉中加入菠菜汁，调成团，擀成薄片，撒上玉米淀粉，用刀切成0.3厘米宽的面条。虾仁用清水洗净，放碗中，加入黄酒、盐、玉米淀粉拌和均匀。

2）锅置火上，倒入清水，待烧沸后，放入面条，待面条浮于水面时，倒入漏勺中沥去水。锅复置火上，倒入精炼油，烧至120℃，放入虾仁，待虾仁变成乳白色时，倒入漏勺中沥去油。锅再置火上，倒入鸡汤、笋片、木耳、盐、鸡精。烧沸后，放入面条、50克焯水菠菜、虾仁，烧制3分钟后，起锅装入碗中即成。

操作关键

1）菠菜选用质地细嫩的品种。

2）调制面团，要调硬些，以防面条相互粘连。

3）面条入锅煮熟，捞出后要用清水冲去表面的淀粉，再入鸡汤锅中煮制时，不易使面汤混浊。

4）煮制时间不宜过长。

（2）鸡肉胡萝卜面条 鸡肉胡萝卜面条是在鸡肉面条的基础上，使白色的面条加入胡萝卜汁后，变成红色的面条，既丰富了色彩，又增加了营养，使面条的口感更加丰富。

原料

坯　料：面粉150克，胡萝卜150克，玉米淀粉15克。

调配料：胡萝卜片15克，鸡肉50克，蘑菇片10克，盐3克，黄酒5克，鸡精3克，鸡汤150克，精炼油500克（实耗25克）。

操作过程

1）将100克胡萝卜去皮后洗干净，切成薄片，用粉碎机打成泥，用纱布取其汁待用。面粉中加入胡萝卜汁，调成团，擀成薄片，撒上玉米淀粉，用刀切成0.3厘米宽的面条。鸡肉切成5厘米长0.2厘米粗的丝，泡去血水，挤去水分，放碗中，加入黄酒、盐、玉米淀粉拌和均匀。

2）锅置火上，倒入清水，待烧沸后，放入面条，待面条浮于水面时，倒入漏勺中沥去水。锅复置火上，倒入精炼油，烧至120℃，放入鸡丝，待鸡丝变成白色时，倒入漏勺中沥去油。锅再置火上，倒入鸡汤、50克焯软胡萝卜片、蘑菇片、盐、鸡精。烧沸后，放入面条、鸡丝，烧制3分钟后，起锅装入碗中即成。

操作关键

1）胡萝卜选用质地细嫩、色泽鲜艳的品种。

2）调制面团，要调硬些，以防面条相互粘连。

3）面条入锅煮熟，捞出后要用清水冲去表面的淀粉，再入鸡汤锅中煮制时，不易使面汤混浊。

4）煮制时间不宜过长。

发酵面团在坯皮原料上的创新如下。

（3）全麦鸡粒包 面粉种类较多，全麦面粉是面粉中色泽较差的一种，但是其所含的矿物质和膳食纤维比其他面粉要多，故深受人们的欢迎。用全麦面粉来制作包子，是新时代发展的产物。

原料

坯料：全麦粉300克，干酵母5克，白糖5克，泡打粉5克，温水170克。

馅料：鸡胸肉100克，熟本山药50克，姜米5克，葱花5克，盐1克，酱油3克，白糖3克，黄酒5克，鸡精3克，鸡汤75克，水淀粉20克，精炼油40克，淀粉适量。

操作过程

1）面团调制。将面粉、干酵母、白糖、泡打粉、温水放盆中，调成面团，在醒发箱中发酵30分钟。

2）馅心调制。鸡胸肉、熟本山药分别切成3毫米大小的粒，鸡胸肉用盐、淀粉拌和均匀。锅置火上，倒入精炼油，放入姜米、葱花炸香，放入鸡胸肉粒煸炒至变色，加入鸡汤、本山药粒、黄酒、盐、酱油、白糖、鸡精。烧沸后，用水淀粉勾芡，起锅装入碗中即成。

3）生坯成型。将面团搓条、摘剂、擀成薄片，包入馅心，包捏成包子形，即成生坯。

4）制品成熟。生坯静置10分钟，放蒸笼中蒸8分钟，取出装入盘中即成。

操作关键

1）面团发酵要符合要求。

2）所捏制的包子纹路要符合要求。

3）蒸制时，蒸汽要足。

（4）奶香桃麻包 牛奶中含有丰富的蛋白质、脂肪、维生素和矿物质等营养物质。用牛奶代替水调制面团，能增加坯皮面团的营养，丰富坯皮的香味，同时使面坯色泽更加美观。

原料

坯料：面粉300克，干酵母5克，泡打粉5克，牛奶170克。

馅料：核桃仁100克，熟黑芝麻仁50克，绵白糖15克，糕粉20克。

操作过程

1）面团调制。将面粉、干酵母、泡打粉、牛奶放盆中，调成面团，在醒发箱中发酵30分钟。

2）馅心调制。将核桃仁去除外衣，放入烤箱烤脆，与黑芝麻一起压碎，加入绵白糖、糕粉，拌和均匀即成。

3）生坯成型。将面团搓条、摘剂、擀成薄片，包入馅心，包捏成包子形，即成生坯。

4）制品成熟。生坯静置10分钟，放蒸笼中蒸8分钟，取出装入盘中即成。

操作关键

1）牛奶要新鲜。

2）所捏制的包子纹路要符合要求。

3）蒸制时，蒸汽要足。

油酥面团在坯皮原料上的创新如下。

（5）紫薯酥

原料

坯料（蛋面团）：面粉300克，熟猪油50克，白糖15克，鸡蛋液50克，清水75克。

坯料（干油酥）：紫薯蓉200克，熟猪油100克。

馅料：紫薯蓉150克，绵白糖30克，咸鸭蛋黄6个。

辅料：鸡蛋液25克，精炼油500克（实耗35克）。

操作过程

1）坯料调制。将面粉、熟猪油、白糖、鸡蛋液、清水放盆中，调成蛋面团。将紫薯蓉、熟猪油放操作台上，调成干油酥。

2）馅心调制。紫薯蓉加入绵白糖拌和均匀，用适量紫薯蓉包入半个咸鸭蛋黄即成1份紫薯酥馅心。

3）生坯成型。将蛋面皮擀成薄片，包入干油酥，擀成片，叠成4叠。擀薄后，再对折，擀成片，刷上鸡蛋液，切成块，一块叠一块地叠起来，并压紧，用刀切成薄片，修成椭圆形。取两片，中间放上馅心，包捏成酥饼形，即成生坯。

4）制品成熟。锅置火上，倒入精炼油，烧至四成热时，放入紫薯酥生坯，炸至成熟，再将油温升至六成热，炸至呈淡黄色时，倒入漏勺中沥去油，装入盘中即成。

操作关键

1）蛋面皮和干油酥调制的硬度要符合要求。

2）所制作的紫薯酥大小要一致。

3）油炸时要掌握好油温。

（6）黄米酥饼

原料

坯料（蛋面团）：面粉300克，熟猪油50克，白糖15克，鸡蛋液50克，清水75克。

坯料（干油酥）：黄米细粉200克，熟猪油100克。

馅料：熟黄米细粉50克，绵白糖30克，熟核桃仁碎80克。

辅料：鸡蛋液25克，精炼油500克（实耗35克），芝麻适量。

操作过程

1）坯料调制。将面粉、熟猪油、白糖、鸡蛋液、清水放盆中，调成蛋面团。将黄米细粉、熟猪油放操作台上，调成干油酥。

2）馅心调制。将熟黄米细粉、绵白糖、熟核桃仁碎拌和均匀，即成馅心。

3）生坯成型。将蛋面皮擀成薄片，包入干油酥，擀成片，叠成4叠，擀薄后，再对折，擀成片，卷成卷，切成段，擀成薄片，中间放上馅心，包捏成酥饼形，抹上鸡蛋液，沾上芝麻，即成生坯。

4）制品成熟。烤箱上火调至210℃，下火调至180℃，预热后，将黄米酥饼生坯放入烤盘中，再放入烤箱中，烤28分钟，取出装入盘中即成。

操作关键

1）蛋面皮和干油酥调制的硬度要符合要求。

2）所制作的黄米酥饼大小要一致。

3）烤制前，烤箱要预热。

（7）椰香芋艿

原料

坯料：熟芋艿300克，糯米粉100克，面粉50克。

馅心：枣泥馅200克。

辅料：椰蓉80克，鸡蛋液50克，精炼油500克（实耗40克）。

操作过程

1）面团调制。将熟芋艿、糯米粉、面粉放盆内，拌和均匀。

2）生坯成型。将芋艿面团搓条、摘剂，压扁后包入枣泥馅，抹上鸡蛋液，滚上椰蓉。

3）制品成熟。锅置火上，倒入精炼油，烧至三成热，将生坯放入炸至淡金黄色时，捞出沥去油，装入盘中即成。

操作关键

1）生芋艿宜蒸熟或烤熟，不宜煮熟，因煮熟的芋艿，其含水量较高，不利成团。

2）成品大小一致。

3）炸制时控制好油温。

2. 馅心原料的设计制作创新

面点中的馅心品种，由于受到制作品种的限制，与菜肴制作相比，一直以来变化不是特别大。故馅心的创新，发展的空间比较大。下面列举几例创新品种。

（1）鲍鱼酥（馅心运用了鲍鱼馅） 油酥面团中，一般馅心都是以甜味为主。如莲蓉、豆沙、枣泥、五仁等品种。此面点将原来的甜味馅心改变成咸鲜味馅心，提高了馅心品种档次，使馅心名称与制作品种名称更加一致。

原料

坯料（蛋面团）：面粉300克，黄油50克，白糖15克，鸡蛋液50克，清水75克。

坯料（干油酥）：面粉200克，黄油140克。

馅料：鲍鱼粒150克，姜米5克，葱花5克，盐1克，白糖3克，黄酒5克，鸡精3克，鲍鱼汁50克，鸡汤75克，水淀粉10克，鸡蛋液25克，精炼油500克（实耗50克）。

操作过程

1）坯料调制。将面粉、黄油、白糖、鸡蛋液、清水放盆中，调成蛋面团。将面粉、黄油放操作台上，调成干油酥。

2）馅心调制。锅置火上，倒入精炼油，放入姜米、葱花炸香，放鲍鱼汁稍炒，加入鸡汤、鲍鱼粒、黄酒、盐、白糖、鸡精，烧沸后，用水淀粉勾芡，起锅装入碗中即成。

3）生坯成型。将蛋面皮擀成薄片，包入干油酥，擀成片，叠成4叠，擀薄后，再对折，擀成片，刷上鸡蛋液，切成块，一块叠一块地叠起来，并压紧，用刀切成薄片，修成椭圆形，取两片，中间放上馅心，包捏成鲍鱼形，即成生坯。

4）制品成熟。锅置火上，倒入精炼油，烧至四成热时，放入鲍鱼酥生坯，炸至成熟，再将油温升至六成热，炸至呈淡黄色时，倒入漏勺中沥去油，装入盘中即成。

操作关键

1）蛋面皮和干油酥调制的硬度要符合要求。

2）所制作的鲍鱼酥大小要一致。

3）油炸时要掌握好油温。

（2）火龙果酥（馅心运用了火龙果馅）

原料

坯料（蛋面团）：面粉300克，黄油50克，白糖15克，鸡蛋液50克，清水75克。

坯料（干油酥）：面粉200克，黄油140克。

馅料：火龙果1个，白糖25克，莲蓉馅200克，鸡蛋液25克，精炼油500克（实耗50克），黑芝麻5克。

操作过程

1）面团调制。将面粉、黄油、白糖、鸡蛋液、清水放盆中，调成蛋面团。将面粉、黄油放操作台上，调成干油酥。

2）馅心调制。将火龙果肉捣成泥。锅置火上，倒入精炼油，放入火龙果肉、白糖，炒至变稠变厚，起锅装入碗中与莲蓉馅拌均匀即成。

3）生坯成型。将蛋面皮擀成薄片，包入干油酥，擀成片，叠成4叠，擀薄后，再对折，擀成片，刷上鸡蛋液，切成块，一块叠一块地叠起来，并压紧，用刀切成薄片，中间放上馅心，包捏成瓣形火龙果形，沾上芝麻，即成生坯。

4）制品成熟。锅置火上，倒入精炼油，烧至四成热时，放入火龙果酥生坯，炸至成熟，再将油温升至六成热，炸至呈淡黄色时，倒入漏勺中沥去油，装入盘中即成。

操作关键

1）火龙果要选择成熟期的，做出的馅心口味较好。

2）火龙果酥上点缀的黑芝麻要均匀美观。

3）油炸时要掌握好油温。

3. 运用新技法设计制作创新产品

面点创新除了在面点坯料和馅心方面创新外，还可在一些新技法和功能面点方面创制出许多面点品种，举例如下。

（1）水晶卤肉卷

原料

坯料：澄粉250克，玉米淀粉50克，小苏打1克，沸水280克。

馅料：卤肉200克，葱花10克。

辅料：脱壳白芝麻50克，鸡蛋液30克，精炼油50克。

操作过程

1）面团调制。将澄粉内倒入沸水、小苏打，拌和均匀，加入玉米淀粉，揉成面团。

2）制馅：卤肉切成0.3厘米大小的粒，拌入葱花，成卤肉馅心。

3）生坯成型：将面团揉成条，摘16个面剂，擀成长方形，包入卤肉馅，呈圆柱形。

4）制品成熟。将生坯放入蒸笼中，蒸4分钟，取出待凉后，一面抹上鸡蛋液，沾上白芝麻，放入平底锅中，将有芝麻的一面煎成金黄色时，取出装入盘中即成。

操作关键

1）澄粉要烫熟，呈半透明状。

2）卤肉馅中卤汁不宜过多。

3）煎制时，要控制好火候。

（2）腊肉烧饼

原料

坯料（蛋面团）：面粉300克，熟猪油50克，白糖15克，鸡蛋液50克，清水75克。

坯料（干油酥）：面粉200克，熟猪油120克。

馅料：葱花50克，熟腊肉150克。

辅料：鸡蛋液25克，脱壳白芝麻50克。

操作过程

1）面团调制。将面粉、熟猪油、白糖、鸡蛋液、清水放盆中，调成蛋面团。将面粉、熟猪油放操作台上，调成干油酥。

2）馅心调制。将熟腊肉批成大薄片，约批10片。

3）生坯成型。将蛋面皮擀成薄片，包入干油酥，擀成片，叠成4叠，擀薄后，再对折，擀成片，卷成卷，切成段，擀成薄片，中间放上葱花，包捏成酥饼形，抹上鸡蛋液，沾上芝麻，即成生坯。

4）制品成熟。烤箱上火调至210℃，下火调至180℃，预热后，将烧饼生坯放入烤盘中，再放入烤箱中，烤28分钟，取出，从一侧批开，夹入一大片熟腊肉，装入盘中即成。

操作关键

1）蛋面皮和干油酥调制的硬度要符合要求。

2）所制作的烧饼大小要一致。

3）烤制前，烤箱要预热。

4）腊肉熟制前要泡去大部分咸味。

（3）牛肉烧饼

原料

坯料（蛋面团）：面粉300克，熟猪油50克，白糖15克，鸡蛋液50克，清水75克。

坯料（干油酥）：面粉200克，熟猪油120克。

馅料：葱花50克，熟牛肉150克。

辅料：鸡蛋液25克，脱壳白芝麻50克。

操作过程

1）面团调制。将面粉、熟猪油、白糖、鸡蛋液、清水放盆中，调成蛋面团。将面粉、熟猪油放操作台上，调成干油酥。

2）馅心调制。将熟牛肉批成大薄片，约批10片。

3）生坯成型。将蛋面皮擀成薄片，包入干油酥，擀成片，叠成4叠，擀薄后，再对折，擀成片，卷成卷，切成段，擀成薄片，中间放上5克葱花，包捏成酥饼形，抹上鸡蛋液，沾上芝麻，即成生坯。

4）制品成熟。烤箱上火调至210℃，下火调至180℃，预热后，将烧饼生坯放入烤盘中，再放入烤箱中，烤28分钟，取出，从一侧批开，夹入一大片熟牛肉，装入盘中即成。

操作关键

1）蛋面皮和干油酥调制的硬度要符合要求。

2）所制作的烧饼大小要一致。

3）烤制前，烤箱要预热。

4）牛肉不宜过咸。

（4）酥皮大虾

原料

坯料（蛋面团）：面粉300克，熟猪油50克，白糖15克，鸡蛋液50克，清水75克。

坯料（干油酥）：面粉200克，熟猪油120克。

馅料：葱花50克，鲜活竹节大虾16只，洋葱粒30克，海鲜酱50克，生抽3克，黄酒3克。

辅料：鸡蛋液25克，脱壳白芝麻50克。

操作过程

1）面团调制。将面粉、熟猪油、白糖、鸡蛋液、清水放盆中，调成蛋面团。将面粉、熟猪油放操作台上，调成干油酥。

2）馅心调制。将竹节虾加工成凤尾虾，挑去虾肠，放入清水中，泡去血水后洗净，加入葱花、海鲜酱、洋葱粒、黄酒、生抽，拌和均匀。

3）生坯成型。将蛋面皮擀成薄片，包入干油酥，擀成片，叠成4叠，擀薄后，再对折，擀成片，切成8厘米×2厘米大小的片，凤尾虾的虾肉放在面片上，露出虾尾，卷成卷，抹上鸡蛋液，沾上芝麻，即成生坯。

4）制品成熟。烤箱上火调至210℃，下火调至180℃，预热后，将酥皮大虾放入烤盘中，再放入烤箱中，烤12分钟，取出，装入盘中即成。

操作关键

1）蛋面皮和干油酥调制的硬度要符合要求。

2）竹节虾要鲜活。

3）竹节虾腌渍不宜过咸。

4）烤制前，烤箱要预热。

4. 设计制作功能性面点

随着人们生活水平的提高，对营养和保健方面的要求越来越高，更加重视这方面的功能。这对面点品种的制作提出了新的要求。如长寿面点、儿童面点、降脂面点、降糖面点、减肥面点等，需要面点师创新出色香味形俱佳的品种来。

（1）黑米烧卖 黑米外表墨黑，营养丰富，有“黑珍珠”和“世界米中之王”的美誉。黑米具有滋阴补肾、健脾暖肝、补益脾胃、益气活血、养肝明目等疗效。经常食用黑米，在一定程度上有利于防治头昏、目眩、贫血、白发、眼疾、腰膝酸软、肺燥咳嗽、大便秘结、小便不利、肾虚水肿、食欲不振、脾胃虚弱等症。

原料

坯料：面粉300克，沸水155克。

馅料：黑米100克，糯米100克，松子仁50克，熟五花肉粒75克，姜米5克，葱花5克，黄酒3克，白糖8克，生抽8克，盐2克，熟猪油75克。

操作过程

1）面团调制。将面粉、沸水放盆中，调成沸水面团。

2）馅心调制。将黑米、糯米浸泡后上蒸笼蒸熟。炒锅置火上，倒入猪油，放入葱花、姜米炸香，再放入五花肉粒煸炒，倒入黄酒、白糖、生抽、盐烧至入味，倒入黑米饭、松子仁和糯米饭拌和均匀。

3）生坯成型。将面团搓条、摘剂后，擀成烧卖皮，包入馅心，即成生坯。

4）制品成熟。将烧卖生坯放入蒸笼中，蒸10分钟，取出，装入盘中即成。

操作关键

1）调制的面团质地要稍硬。

2）烧卖皮要中间厚，边缘薄，呈荷叶边形。

3）黑米制作馅心时，要加入一定量的糯米，以调节馅心的质地。

4）蒸制时，火力要大，蒸汽要足。

（2）苦瓜烧卖 苦瓜具有辅助降低血糖、促进饮食、消炎退热、防癌抗癌、排毒减肥、美容的作用。

原料

坯料：面粉300克，沸水155克。

馅料：苦瓜2根，卤牛肉粒100克，姜米5克，葱花5克，白糖3克，盐2克，黄酒3克，水淀粉10克，熟猪油15克。

操作过程

1）面团调制。将面粉、沸水放盆中，调成沸水面团。

2）馅心调制。苦瓜剖开，去掉瓤，切成0.3厘米大小的粒，放入沸水锅中焯水，捞出沥去水。炒锅置火上，倒入猪油，放入葱花、姜米炸香，再放入卤牛肉粒煸炒，倒入白糖、盐、黄酒烧至入味，用水淀粉勾芡，装入碗中。

3）生坯成型。将面团搓条、摘剂后，擀成烧卖皮，包入馅心，即成生坯。

4）制品成熟。将烧卖生坯放入蒸笼中，蒸8分钟，取出，装入盘中即成。

操作关键

1）调制的面团质地要稍硬。

2）烧卖皮要中间厚，边缘薄，呈荷叶边形。

3）苦瓜较苦，需要焯水，同时馅心中的水分不宜过多。

4）蒸制时，火力要大，蒸汽要足。

（3）冬瓜饺 冬瓜味甘、性寒，有消热、利水、消肿的功效。冬瓜含钠量较低，对动脉硬化症、肝硬化腹水、冠心病、高血压、肾炎等疾病有良好的辅助治疗作用。冬瓜中所含的丙醇二酸，能有效地抑制糖类转化为脂肪，加之冬瓜本身不含脂肪，热量不高，可以帮助形体健美。

原料

坯料：面粉300克，沸水155克。

馅料：冬瓜400克，水发河虾米50克，姜米5克，葱花5克，白糖3克，盐2克，黄酒3克，水淀粉10克，熟猪油15克。

操作过程

1）面团调制。将面粉、沸水放盆中，调成沸水面团。

2）馅心调制。冬瓜剖开，去掉瓤和籽，切成0.3厘米大小的粒，放入沸水锅中焯水，捞出沥去水。炒锅置火上，倒入猪油，放入葱花、姜米炸香，再放入河虾米煸炒，倒入白糖、盐、黄酒烧至入味，至锅中水快干时，用水淀粉勾芡，装入碗中。

3）生坯成型。将面团搓条、摘剂后，擀成饺子皮，包入馅心，即成生坯。

4）制品成熟。将冬瓜饺生坯放入蒸笼中，蒸8分钟，取出，装入盘中即成。

操作关键

1）调制的面团质地要稍硬。

2）饺皮要中间厚、边缘薄。

3）冬瓜水分较多，馅心中的水分不宜过多。

4）蒸制时，火力要大，蒸汽要足。

（4）苦瓜饺 苦瓜具有一定的清热益气、保护机体、抗癌、降血糖、降血脂、美容肌肤等功效，所以常吃苦瓜对身体是有益的。

原料

坯料：面粉300克，沸水155克。

馅料：苦瓜2根，熟香肠粒100克，姜米5克，葱花5克，白糖3克，盐2克，黄酒3克，水淀粉10克，熟猪油15克。

操作过程

1）面团调制。将面粉、沸水放盆中，调成沸水面团。

2）馅心调制。苦瓜剖开，去掉瓤和籽，切成0.3厘米大小的粒，放入沸水锅中焯水，捞出沥去水。炒锅置火上，倒入猪油，放入葱花、姜米炸香，再放入香肠粒煸炒，倒入白糖、盐、黄酒烧至入味，用水淀粉勾芡，装入碗中。

3）生坯成型。将面团搓条、摘剂后，擀成饺子皮，包入馅心，即成生坯。

4）制品成熟。将苦瓜饺生坯放入蒸笼中，蒸8分钟，取出，装入盘中即成。

操作关键

1）调制的面团质地要稍硬。

2）饺皮要中间厚、边缘薄。

3）苦瓜较苦，需要焯水，同时馅心中的水分不宜过多。

4）蒸制时，火力要大，蒸汽要足。

（5）瘦肉燕麦粥 燕麦中蛋白质含量（15.6%）十分丰富，是大米、小麦的1.6~2.3倍，在禾谷类粮食中居首位。燕麦营养价值很高，含有18种氨基酸，其中8种是人体必需氨基酸。燕麦有一定的降低胆固醇、降血脂、调节血糖作用。燕麦中所含的丰富的维生素、矿物质及氨基酸等，对于增进机体健康、促进发育、参与新陈代谢，抵御疾病等，都具有一定的作用。燕麦所含的维生素B_1、维生素B_2，维生素E及叶酸等，可以辅助改善血液循环、帮助消除疲劳、减轻心理压力，又有利于胎儿的生长发育。燕麦所含钙、磷、铁、锌、锰等矿物质，能辅助预防骨质疏松症、促进伤口愈合，以及防止发生贫血病等。

原料

大米50克，燕麦片75克，猪瘦肉75克，姜米5克，葱花5克，盐3克，黄酒3克，香菜叶10克，熟猪油500克（实耗25克），淀粉适量。

操作过程

1）配料准备。将猪瘦肉切成0.4厘米大小的粒，加入盐、淀粉拌和均匀。

2）配料成熟。炒锅置火上，倒入猪油，烧至三成热时，放入瘦肉粒，至全部变色，倒入漏勺中沥去油。

3）制品成熟。将大米倒入锅中，加入清水，煮30分钟，倒入燕麦片、瘦肉粒、姜米、葱花、盐、黄酒，烧沸后，撒入香菜叶，装入碗中即成。

操作关键

1）猪瘦肉粒要切得大小一致。

2）大米粥与燕麦片成熟时间不一致，要分开煮。

3）成品汤汁要浓稠。

4）粥要现煮现吃。

（6）虾仁黄米粥 小黄米养肾气、益丹田、补虚损、开肠胃。有肾病者宜常食，脾胃虚者宜久食。产妇吃后可益气补血，小儿吃后可调养脾胃，老年人吃后强肾壮腰。

原料

小黄米150克，虾仁75克，姜米5克，葱花5克，盐3克，黄酒3克，香菜叶10克，熟猪油500克（实耗25克），淀粉适量。

操作过程

1）配料准备。将虾仁用清水洗净，加入盐、淀粉拌和均匀。

2）配料成熟。炒锅置火上，倒入猪油，烧至三成热时，放入虾仁，至全部变色，倒入漏勺中沥去油。

3）制品成熟。将小黄米倒入锅中，加入清水，煮25分钟，倒入虾仁、姜米、葱花、盐、黄酒，烧沸后，撒入香菜叶，装入碗中即成。

操作关键

1）黄米有小黄米和大黄米之别，煮粥一般选用小黄米。

2）成品汤汁要浓稠。

3）粥要现煮现吃。

（7）桂圆红豆粥 桂圆性温味甘，益心脾、补气血，具有良好的滋养补益作用，可辅助治疗心脾虚损、气血不足所致的失眠、健忘、惊悸、眩晕等症状。桂圆与赤豆、红糖一起烹调，具有较好的补血功效。

原料

大米50克，桂圆肉75克，赤豆75克，红糖15克。

操作过程

1）配料准备。将赤豆洗净后，用清水泡2小时。

2）制品成熟。将赤豆倒入锅中，加入清水，煮至赤豆九成熟时，倒入大米煮25分钟，再放入桂圆、红糖烧沸后，稍焖，装入碗中即成。

操作关键

1）赤豆需要浸泡，才能快些煮开花。

2）赤豆与大米成熟时间不一致，要分开煮。

3）成品汤汁要浓稠。

4）粥要现煮现吃。

6.1.2 食物成分在烹调加工中的变化

食物中的成分主要有蛋白质、糖类、脂肪、维生素和无机盐等。在烹调加工过程中无机盐基本没有变化，其他营养成分根据具体情况或多或少有一定的变化。

1．蛋白质在烹调加工中的变化

蛋白质在烹调加热中的首要变化是热变性凝固，其次，有水存在时，可发生一定程度的水解，但不影响蛋白质的吸收和营养价值。在高温烹调中，蛋白质与糖发生美拉德反应，使菜肴上色增香，但由于必需氨基酸——赖氨酸参与反应而损失，使蛋白质的营养价值下降。由于蛋白质广泛存在于烹饪原料之中，因此，厨师要烹制美味佳肴，必须了解和掌握蛋白质在烹调加热过程中的各种变化情况。

2．糖类在烹调加工中的变化

烹调中常用的蔗糖和麦芽糖，在烹调中有时单独使用，有时混合使用，各自发挥着不同的作用。蔗糖易溶于水，习惯上把在一定温度和压力下，100克水所能溶解蔗糖的质量数，叫作蔗糖在水中的溶解度。在一定压力时，蔗糖溶解度随温度的升高而增大，随温度的降低而减少。在一定温度下，达到溶解度的糖水称为饱和溶液。当温度降低水分蒸发时，溶液中糖的质量超过它的溶解度，这种溶液称为过饱和溶液。当蔗糖溶液过饱和时，蔗糖分子则有秩序地排列在一起重新形成晶体，这种现象称为再结晶。烹调中制作挂霜菜肴、挂霜糕点，就是利用蔗糖再结晶的原理。制作蔗糖菜肴和挂霜糕点，是制作甜菜和甜点的方法之一。在150~200℃的高温下，蔗糖分子会变成一种可溶于水的、含有多种黑褐色的色素物质，并生成两类物质：一类是酱色的脱水产物，为没有甜味的蔗糖；另一类是它的裂解产物，为挥发性的醛、酮类物质。这类反应被称为蔗糖的焦糖化作用。烹调中常利用焦糖化原理烹制红烧类菜肴，制作糕点时利用其特性，改变糕点的色泽和风味，如月饼皮的制作。

烹调过程中，焦糖化作用要控制得当，才能使食物有悦人的色泽和风味，否则将影响菜肴的色、香、味、形。当蔗糖及其他糖类与含有蛋白质的氨基化合物食物一起烹调时，特别是当温度升高时，则发生羰氨反应。事实上，几乎所有食物都含有羰基化合物，所以羰氨反应在烹调加工中非常普遍，能使食品生色增香，产生深褐色的类黑色素，引起食品颜色加深。如焙烤面包产生的金黄色；烤肉产生的棕黄色；熏干产生的棕褐色，都与食物的羰氨反应有关。

麦芽糖包括结晶麦芽糖、无水不定型麦芽糖和粗制麦芽糖3种，烹调中常用的饴糖就是粗制麦芽糖。由于饴糖中含有糊精，糊精随着温度的升高而呈现不同的颜色。即浅黄→红黄→酱红→焦黑→炭化。北京烤鸭诱人的色泽就是利用饴糖这一特性，烤鸭皮呈现酱红色时，鸭子正好成熟。饴糖中的胶体水具有不易失去的特点，而且一旦失去水分，麦芽糖的糖皮变得软厚，增强了烤鸭皮的酥脆程度。麦芽糖的甜度为蔗糖的一半，而且价格便宜，与蔗糖混合使用，可以降低产品的成本。麦芽糖具有黏度高、流动性好的特点，用它制作萨其马、糖耳朵等点心，具有非常特殊的味道。

3. 脂肪在烹调加工中的变化

脂肪作为食物中重要的营养成分，在烹饪中可作为传热介质并能提高菜肴的风味品质，但在高温中也会发生各种变化。油脂加热至200~230℃时能引起热氧化聚合，所以油脂是一种较好的传热介质。油脂在加热过程中，不仅油温上升快，而且上升的幅度也较大，若停止加热或减少火力，其温度下降也较迅速，这样便于烹饪过程中火候的控制和调节，并适于多种烹调技法的运用，以制作出鲜嫩、酥脆、外焦里嫩等不同质感的菜肴。

油脂在加热后能储存较多的热量，进行烹饪时，用油煎、炒、烹、炸时，油脂能将较多的热量迅速而均匀地传给食物，使菜肴迅速成熟。用油脂烹调，有利于菜肴色香味形等达到所要求的最佳品质。

脂肪在一般烹调中变化不大。在以油脂作为传热介质的烹调中，当油温升高至200℃以上时，脂肪会发生热解、热聚合等有害反应，不仅使油脂品质降低，必需脂肪酸、脂溶性维生素破坏，而且还会产生丙烯酸、环状聚合物等对人体有害的物质。

4. 维生素在烹调加工中的变化

维生素是一类重要的食品营养成分存在于动物和植物性食物中。食物中的脂溶性维生素主要存在于动物性食物中（如肉、奶、血、内脏等），水溶性维生素主要存在于植物性食物中（如各种蔬菜、水果、粮食等）。在烹饪过程中的洗涤食品原料，加工煮熟的蔬菜，都会不同程度地破坏水溶性维生素，导致营养价值降低。在食物烹调时损失最大的就是维生素类，多种维生素在与空气接触时易被氧化破坏而失去营养价值。在受热时氧化更快，特别是维生素C最易受破坏。其次，维生素B_1和维生素B_2也易受破坏。维生素在酸性溶液中比较稳定（加醋可以延缓氧化时间），而在碱性溶液中更易被氧化，如极少量的铜盐可使维生素C氧化，所以含维生素C较多的蔬菜在烹调时应尽量避免与空气接触（可加盖），加热时间不能过长，不宜投放碱或苏打，也不宜用铜锅铜铲。

6.2 热菜制作

烹调是通过加热和调制，将加工、切配好的烹饪原料熟制成菜肴的操作过程。其包含两个主要内容：一个是烹，另一个是调。烹就是加热，通过加热的方法将烹饪原料制成菜肴；调就是调味，通过加入一定量调味品，使菜肴滋味可口，色泽诱人，形态美观。

具体的烹调有多种方法，最常用的有炸、煮、炒、煎、煨、炖、蒸及烤等。调味原料种类繁多，由于各地饮食习惯不同，所用调味料也不一样。

6.2.1 常用基本烹调方法的基本特点及运用

烹调方法是将食物原料经过恰当的加热，正确的调味，使其达到预期效果的熟制不同风味菜肴的操作方法。我国地大物博，物产丰富，可供人们食用的食物种类丰富多彩，能够制作的菜肴不计其数，据统计，各种烹调方法有近百种之多。有以水为主要传热介质的烹调方法，如炖、焖、煨、煮、烧、扒、汆、涮、熬、烩、卤、蜜汁等；有以油为主要传热介质的烹调方法，如炸、熘、爆、炒、煎、贴等；有以汽为主要传热介质的烹调方法，如蒸、熏、烤等；有以固态物质为主要传热介质的烹调方法，如拔丝、挂霜；有非加热的烹调方法，如拌、炝、冻、腌、泡等。

常用的基本烹调方法有：以油为主要传热介质的炒、煎、炸，以水为传热介质的煮、汆，以热空气为传热介质的蒸、烤。

1. 炒

炒是最广泛使用的一种烹调方法，它是以油为主要导热体，将小型原料用中旺火在较短时间内加热成熟、调味成菜的一种烹调方法。由于炒一般都是旺火速成，在很大程度上保持了原料的营养成分。炒是我国传统烹调方法，烹制食物时，锅内放少量油在旺火上快速烹制，搅拌、翻锅。炒的过程中，食物总处于运动状态。不断翻炒可使肉汁多、味美，使蔬菜嫩又脆。当然炒的方法是多种多样的，但基本操作方法是先将炒锅或平锅烧热，倒入食用油烧热，先炒肉，待熟盛出，再炒蔬菜；最后将炒好的肉倒回锅，兑入汤汁和调料，待汁收好，出锅装盘。

炒依其原料的生熟和炒制的特点可分为生炒、熟炒、滑炒、干煸、焦炒、软炒。

（1）生炒 又称火边炒，以不挂糊的原料为主。先将主料放入沸油锅中，炒至五六成熟，再放入配料，配料易熟的可迟放，不易熟的与主料一起放入。然后加入调味料，迅速颠翻几下，断生即好。这种炒法，汤汁很少，清爽脆嫩。如果原料的块较大，可在烹制时兑入少量汤汁，翻炒几下，使原料炒透，即可出锅。放汤汁时，需在原料本身的水分炒干后再放，才能入味。

（2）熟炒　一般先将大块原料加工成半熟或全熟（煮、烧、蒸或炸熟等），然后改刀成片、块等，放入热油锅内略炒，再依次加入辅料、调味品和少许汤汁，翻炒几下即成。熟炒的原料大都不挂糊，起锅时一般用水淀粉勾成薄芡，也有用豆瓣酱、甜面酱等调料烹制而不再勾芡的。熟炒菜的特点是略带卤汁、酥脆入味。

（3）滑炒　先将主料处理，经调味品拌腌，再用蛋清淀粉上浆，放入五六成热的温油锅中，边炒边使油温增高，炒到油约九成热时出锅，再炒配料，待配料快熟时，放回主料同炒几下，加些卤汁，勾薄芡起锅。软炒菜肴非常嫩滑，但应注意在主料下锅后，必须使主料散开，以防止主料挂糊粘连成块。

（4）干煸　干煸是将不挂糊的小型原料，经调味品拌腌后，放入八成热的油锅中迅速翻炒，炒到外面焦黄时，再加配料及调味品（大多是带有辣味的豆瓣酱、花椒粉、胡椒粉等）同炒几下，待全部卤汁被主料吸收后，即可出锅。干煸菜肴的一般特点是干香、酥脆、略带麻辣。

（5）焦炒　将腌渍过的小型原料根据菜肴的不同要求，或直接炸或拍粉炸或挂糊炸再经用清汁或芡汁调味而成菜的技法。工艺流程：选料→切配→腌渍→拍粉或挂糊→炸制→炒制调味→装盘。焦炒分挂糊和不挂糊，但都必须炸焦炸透，调料可用清汁也可用芡汁，让原料充分吸收，保持菜肴味浓韧脆、焦香。咸鲜口味采用卧汁方法，不用糖、醋；而焦熘加糖醋，代表菜焦炒海鳗丝。

（6）软炒（也称水炒）　将液体原料如牛奶掺入调料、辅料拌匀，或将加工成蓉泥的原料加汤水调匀，用中小火少量温油加热炒制而凝结成菜的烹调方法。或将鸡蛋调散成为液体状态加入调料和辅料拌匀不用油而用汤水炒制凝结成菜的烹调方法，也称水炒。工艺流程：选料→切配→挂糊→炸制→调味→装盘。原料经过挂糊油炸表层变脆，原料在炒制中又吸附了芡汁的滋味，形成了外焦里嫩、滋味浓郁的特色。口味甜酸鲜，代表菜抓炒里脊、抓炒鱼片、抓炒虾仁。

2. 煎

煎就是利用少量油，将食物摊平后放入锅内，利用油的热度，以小火加热至熟，并使食物表层产生金黄色泽和诱人香气，但内部仍保持鲜嫩的一种烹调方法。肉类、鱼类、虾类、豆腐、鸡蛋、蔬菜、糕点、面食等都可以煎制成菜肴。

煎使用的火力只有中火和小火两种；常用的锅具则为炒菜锅和平底锅。煎时容易溢出汁液的食物，如煎牛排、煎鱼等，最好使用平底锅，能迅速挥发汤汁或血水，以保持食物的干爽。煎蛋、煎豆腐等则用炒菜锅、平底锅皆可。

3. 炸

炸是用旺火、多量油、无汁的烹调方法。将经过刀工处理成型或整形的原料，放入大量热油中加热制熟，使成品达到焦脆或软嫩或酥香等不同质感的烹调方法。一般油是食物原料的数倍，油与原料之比在4：1以上，炸制时要求原料全部浸在油中。油温要根据菜肴要求来定，并非始终用旺火热油加热，但都必须经过高温加热的阶段，这与炸菜外部香脆的要求相关。为了达到这一要求，操作往往要分两步：第一步主要是将原料成熟，所用油温不高；第二步复炸，使原料外表快速脱水变脆，则要求用高温油。

炸的分类。炸的具体技法很多，出现了多种多样的分类。按预处理方法分，可分为生炸、熟炸、清炸、干炸、板炸、卷包炸等；按质感分，可分为酥炸、软炸、脆炸、面包渣炸、高丽糊炸等。

（1）清炸 这是一个古老传统的炸法，成菜除有“外焦里嫩”的共同特色外，还具有耐嚼有咬劲的独特质感。越嚼越香是清炸独有的特色。原料在旺火热油中骤然受热，表层蛋白质会变性凝固收缩，并产生焦糖化反应，呈现出色泽金黄、质感香脆的效果；原料内部由生变熟并脱水，因而原料既细嫩，又有韧性。一般来说，清炸所用的主料以富含鲜味物质的动物性原料为主，如仔鸡、鸡脯肉、猪里脊、猪肝等，能充分体现原料的鲜香美味。

（2）卷包炸 这种技法所用主料都是易熟的鲜嫩原料，如鸡胸肉、猪里脊肉、猪肝、猪腰，以及鱼、虾等。所用的原料都不能带骨头，如有骨头就必须剔出。同时，根据炸的需要都要加工成小块、小片、细条、细丝或剁成泥状馅料，而且加工的刀口宜薄、宜细、宜小、宜碎。加工成型后的馅料都用调料腌渍入味。卷、包用的外皮也大致相同，如油皮、摊蛋皮、猪网油、百叶（薄豆腐片）、糯米纸（又叫威化纸）、无毒玻璃纸等。此外还可以采用片至细薄的肉片、鸡肉片、鱼肉片和大白菜叶等作为卷、包的皮。其他方面，诸如加工过程、成熟机理、质感效果几乎是相同的。唯一的区别就是加工后形状不同，凡用外皮包裹成卷筒形的称为“卷”，包裹成长方形、方形、三角形的就叫“包”。把用糯米纸或玻璃纸包裹的称为“纸包”。卷、包炸法的要求也极为严格，用此法创制的名菜也久享盛誉。如江苏菜的“卷筒黄鱼”，浙江菜的“炸响铃”，四川菜的“蚝油纸包鸡”等。

（3）酥炸 这种技法是清炸的新发展。由于原料挂糊，炸时形成酥脆薄膜，包封住原料内部水分，保持了菜肴的鲜美滋味，成为炸法中最具代表性的技法。特别是菜肴质感，较其他炸法酥松得多，故名“酥炸”。它虽来自清炸，但与清炸有明显的区别：一是使用带有滋味的熟料；二是大多挂糊。这种技法的主要目的，不在于让原料通过加热由生变熟，而在于获得原料表面的酥脆效果。用预制熟料炸，口味比生料丰富，并能获得生料炸达不到的菜肴内部酥烂的效果。但是不挂糊也会有高温酥脆的效果，因为有些原料富含脂肪和蛋白质，在油的高温条件下，产生焦糖化反应而使菜肴表面质感酥脆。

（4）软炸 由于主料细嫩，加工的块又小，而且糊料在油炸中形成了保护层，所以软炸菜肴形成了外松软里软嫩的特色。外层的口感主要是由所使用糊料的性质决定的。软炸挂糊有两种方法：一种方法是先腌渍，后挂糊。操作关键是临炸前再挂糊。如果挂糊过早，炸时容易“掉糊”；还要根据原料含水量的多少调节糊的浓度；所用糊料也要事先调制，充分调搅均匀，并静放一定时间使粉粒溶化无渣，否则挂不匀，炸时容易“掉糊”和出现“黑点”（粉粒炸焦的缘故）；挂糊时，糊料绝不能发散，若散了就要重新调制。挂糊后要迅速下锅，以防止糊内的面筋质起劲，在油炸中包不住原料；原料块最好分别挂糊，分散下锅，下锅后立即划开以免粘连。另一种方法是调味和挂糊同时进行，即调味料溶于糊内，然后放入原料挂糊，边挂糊边吸进味，至炸前，糊已挂匀，味亦渗入，即可下锅炸。这种挂糊的糊料多数是全蛋糊（蛋粉糊）、蛋清糊。应注意的问题是要控制好调味品中盐的用量，如用量不当，盐的渗透压会把原料中的水分挤出，使糊料变稀，黏性变差，油炸时容易脱糊。

（5）脆炸 脆炸技法具有多样性，所用主料、外皮涂料、油温和操作方法，都有明显的差异。

带皮的原料抹上糖浆，经热油炸制，产生焦糖化反应，使菜肴外皮增加了比一般“外焦里嫩”更为突出的脆性，形成独有的特色。如果不抹糖浆或改用其他涂料炸，其脆性则大为逊色。广东菜厨师用脆炸法炸制成的“脆皮鸡”即为典型名菜。脆炸法不仅仅只适用于炸鸡一种原料，其他原料譬如肉、鱼、虾、菜花、蘑菇等，甚至用鸡蛋加面粉调制的面团都可以作为脆炸的原料。脆炸也不仅仅只能用糖浆一种浆料，还可以用其他能起酥松脆作用的糊料。

（6）浸炸 这种技法是原料刚进热油锅中，表面受到油温的高温急速加热，形成了薄膜，随后逐渐降低油温缓慢受热，把原料中水分、鲜味的流失控制在最小范围内，是炸法中的精细炸法。这种炸法，有的地区叫“油氽”或“油浸”。

（7）泼炸（淋炸） 油泼炸是利用高温反复浇泼，使原料成熟（熟料以外），保持原料内部鲜美，并取得质感酥脆、酥嫩的效果。泼炸和浸炸是炸法中的两种特殊技法，两者有较多的共同点，如所用主料大多为细嫩原料，特别适用体小稚嫩的禽类原料。所用导热介质也都是大油量的高温热油。制品的质感、口味特点也大体相同。

4. 煮

将处理好的原料放入足量汤水中，用不同的加热时间进行加热至原料成熟的技法。

以水为介质的导热技法中，煮法是用途最广泛、功能最齐全的技法。热煮法是将初步熟处理的半成品、咸腌渍上浆的生料放入锅中，加入多量的汤汁或清水，先用旺火烧开，再改用中等火力加热，调味成菜，原料为畜类、鱼类、豆制品、蔬菜等。煮的种类：水煮、油煮、奶油煮、红油煮、汤煮、白煮、糖煮等。适用于体小、质软类的原料。所制食品口味清鲜、美味，煮的时间比炖的时间短。

5. 氽

这种方法是将荤素原料洗净后，投入沸水锅中煮至一定熟度或略煮一下捞出的初步熟处理方法，也是将鲜嫩原料投入沸汤锅中制熟成菜的一种烹调方法。

用氽制方法成菜的菜品，质地鲜嫩，口味鲜美，一般以咸鲜、清淡、爽口为宜，如氽鸡片、氽猪肝等菜品。

氽是汤菜的主要做法，大部分用于小型或经过加工成片、丝、条和制成丸子的原料。特点是汤多而清鲜，菜肴脆嫩。

6. 蒸

蒸是以蒸汽为传导和对流加热的烹调方法。在菜肴烹调中，蒸的使用比较普遍，它不仅用于烹制菜肴，而且还用于原料的初步加工和菜肴的回笼保温等。

蒸制菜肴是将原料装入盛器中，加好调味品和汤汁或清水后上蒸笼蒸制。蒸制菜肴所用的火候，随原料的性质和烹调要求而有所不同。一般只要蒸熟不要蒸酥烂的菜，应使用旺火，在水沸时上笼速蒸，断生即可出笼，以保持鲜嫩。对某些经过细致加工的花色菜，则需用温火蒸制，以保持菜肴形式、色泽的整齐美观。蒸制菜肴是为了使菜肴本身汁浆不像用水加热那样容易溶于水中，同时由于蒸笼中空气的温度已达到饱和点，菜肴的汤汁也不像用油加热那样被大量蒸发。因此，一般较细致的菜肴，大多采用蒸的方法。蒸制菜肴根据用料的不同，可分为清蒸、粉蒸等。

蒸比水煮更能使食物快熟；蒸能保持菜肴外形完整、美观；蒸能使菜肴香味浓郁、质地柔软；蒸可降低食物营养素的流失。蒸的容器，以前多采用竹制蒸笼，因为其不但保留有竹香，还可以吸收溢出的水蒸气，不会使凝聚在盖子上的水珠落回到食物中。现在为求方便，多以电锅、铝制或不锈钢蒸锅代替。蒸的菜肴通常带有汤汁，所以一定要使用带有盘边、有深度的容器放置食物，避免最精华的汤汁流失。蒸菜的口味清淡，且能保持食物的原味，如鸡、鸭、鱼、肉、海鲜、鸡蛋、豆腐、蔬菜，都可用蒸的方法。

7. 烤

将加工处理好或腌渍入味的原料置于烤具内部，用明火或烤箱进行加热的技法总称。原料经烘烤后，表层水分散发，使原料产生松脆的表面和焦香的滋味。

（1）挂火烤 将加工处理好的原料吊挂在大型烤炉中，利用燃烧明火产生的热辐射，把原料加热成菜的技法。

工艺流程：选料→加工整理抹糖浆→入炉烤制→切割装盘。

特点：色泽枣红，外皮松脆，肉质鲜嫩，香气浓郁。代表菜：挂炉烤鸭、挂炉烤鸡、挂炉烤羊腿。

（2）焖炉烤 将加工处理好的原料，置于焖烤炉内，用炉壁产生的热辐射将原料烤制成菜的技法。暗炉烤代表。

工艺流程：选料→腌渍→入炉→烤制→切割装盘。

特点：外焦里嫩，香气浓郁，肉质不硬不软，耐嚼有咬劲。代表菜：烤全羊。

（3）烤盘烤 将加工好的原料装入烤盘内再放入烤炉内，用高温气体进行密封加热成菜的技法。

工艺流程：选料→切配→腌制或预制熟料→入盘烤制→装盘。

特点：汁稠软嫩，别具风味。代表菜：烤鱼。

（4）叉烤 将腌渍入味的原料或抹了糖浆的原料用叉子叉住，或用其他方法固定在叉上，在明火炉具上不断翻动叉子，调整原料与火的远近距离进行加热成菜的技法。

工艺流程：选料→腌渍抹糖浆→上叉→明火烤制→装盘。

特点：肉质软嫩多汁、色泽鲜亮、香味四溢。代表菜：叉烧肉。

（5）串烤 将加工成块片的小型原料经过腌渍（也可不腌）分别穿在细长的扦子上，在明火上转动，短时间加热烤制成熟的方法。

工艺流程：选料→加工切配→穿入扦子→旺火烤制→撒调料→装盘。

特点：焦黄香嫩，浓烈辛香味。代表菜：烤羊肉串。

（6）网夹烤 将加工好的原料用外皮包好，放在铁网夹内夹住，手持夹网柄明火上翻烤或放入烤炉内烤成熟的技法。

工艺流程：选料→切配→腌渍→夹在网夹中→烤制→装盘。

特点：形状完整，焦香浓郁。代表菜：网夹烤鱼。

（7）炙烤 将加工好的原料腌渍入味，放在排列炙子的铁锅上，用烤热的炙子和炙子缝隙窜出的旺火苗将原料加热成菜的技法，是旺火烤的特殊技法。

工艺流程：选料→切配→腌渍→烤制→装盘。

特点：自烤自食，边烤边吃。代表菜：炙子烤肉。

（8）铁锅烤 将铁锅锅底加热，锅盖烧红，同时作用于原料，使之成熟的技法。

工艺流程：选料→原料调配搅匀→倒入锅烤制→烤熟→装盘。

特点：肉质鲜嫩多汁，香味四溢。代表菜：铁锅大鹅。

6.2.2 常用基本烹调方法基本操作要点

中餐的烹调方法种类较多，每一种烹调方法都有其各自的操作基本要求，下面介绍常用的炒、煎、炸、煮、汆、蒸、烤等烹调方法的操作基本要求。

1. 炒的基本操作要求

炒是一种旺火速成的加热成熟方法。它使加工的烹饪原料，能在短时间内成熟，形成一菜一味，一菜一格。炒的基本操作要求如下。

1）适用于炒的原料，要经刀工处理成小型丁、丝、条、片、球等形状，大小、长短、粗细要均匀。原材料以质地细嫩、无粗筋、无大骨为宜。

2）操作过程中要求火要旺、油要热、锅要滑、动作要迅速。

3）炒的制作方法一般皆用水淀粉勾芡。

4）炒的菜肴需用平盘装盛。

2. 煎的基本操作要求

煎是以油为主要加热介质的烹调方法，其用油量较少，用油为原料高度的1/2。

烹饪原料要煎得好，有三个关键：一是为了保持食物的嫩度和水分，食物必须腌过并沾上粉料再入平底锅中煎制；二是油的用量要适当，才能把食物煎黄煎香；三是火要小，锅要够热，再将食物放入，煎出来的食物风味会更佳。煎的基本操作要求如下。

1）煎的食物须先腌制，下锅后不再调味；调味汁通常是食物煎好后供蘸食用。

2）原料若需挂糊上浆，要随挂随煎，以免糊脱落或外表不够干香酥脆。

3）煎通常需先炕锅，即先将锅烧到冒烟，淋上油滑一遍，再重新倒入食用油，呈现所谓热锅冷油的状态，才能避免粘锅，食物也能煎得外形完整。

4）煎的火候以中小火为标准，以免食物外焦内生。

5）煎的原料通常只翻面而不翻炒。

6）煎肉类时要把肉切薄、拍松，才不会煎出干硬的口感。

7）煎鱼时必须擦干鱼表面的水，以避免粘锅、脱皮或爆油现象。

8）煎豆腐之前先泡过盐水再入锅，较易上色且不粘锅。

9）如果不能把材料迅速铺好入锅煎，不妨先将锅离火，可避免原料加热不均匀。

3. 炸的基本操作要求

炸是以油为主要传热介质的烹调方法，也是许多种类炸法的总称。各种具体炸法的工艺流程各不相同，风味质感也有很大差异。多数制品是外脆里嫩，色泽油亮，干香脆酥，滋味醇厚。炸的操作基本要求如下。

炸是在旺火热油的条件下进行操作的，这就要受到很多因素的制约，如原料性质老嫩、形态大小、下料油温、炸的全过程油温等。所以凡一次性炸制的，一是要根据原料性质、体积确定最佳油温，如原料质老、体大的，油温相对要低一些，但加热时间要长一些，反之，油温要稍高一些，加热时间要短一些；火力旺时下料，油温应稍低一些，反之要高一些。二是，原料下锅要善于控制出手的轻、重、快、慢，以保证原料及时划开、移位、转动，均匀受热，并在成熟时及时出锅。三是要能够凭借临灶经验鉴别火力的大小、油温的高低变化，凭观察锅内原料受热后的变化，如体积和色泽的变化等，来调节加热时间，使之达到最佳火候。

对一些火候较难控制的制品，一般可采取两次加热的复炸法，第一次油炸油温稍低，炸时稍长，以成熟为度；第二次油炸油温稍高，炸时要短，以炸至原料外表松脆，色泽符合标准为准。有时也可采取离火、半离火间慢炸，或离火浸炸等方法加以调节，以适应不同炸制品的需要。

炸法在保持菜肴外香酥内鲜嫩上是非常有效的，但是从味觉上说，因基本调味必须在加热前进行，所以调味受到较大限制，就显得单调一些。如采用预制熟料炸，可适当弥补，味道变得多样化。炸的基本操作要求如下。

1）用于炸的原料，一般含水量不宜过高。

2）炸的原料在炸前，需要进行烹前调味。

3）炸的油量一般比较大。

4）食用油的比热容较小，易于升温，故炸时要注意安全。

5）炸制品香味浓郁，需要现炸现食。放置凉了味道没有热的好吃。

4. 煮的基本操作要求

煮是以水为主要传热介质的一种烹调方法。煮的原料在正式烹调前，往往需要焯水、过油、油煎，然后再进行正式加热。煮的基本操作要求如下。

1）煮的选料严格，要求原料新鲜，冰冻的不宜选用。

2）煮的原料加工精细。

3）煮的水质要干净。

4）煮的火候要适当。热菜用旺火或中大火，加热时间短；冷菜用中小火或微火，加热时间较长。

5）煮的改刀技巧要精致。

6）煮的蘸食调料特别讲究，常用上等酱油、蒜泥、腌韭菜花、豆腐乳汁、辣椒油等。

5. 氽的基本操作要求

氽是以水为主要传热介质的烹调方法。氽的烹饪原料都是小型或经过加工成片、丝、条和制成丸子的。其汤多而清鲜，菜肴脆嫩。

动物性原料的氽法是将汤水用旺火煮沸，再投料下锅，加以调味，不勾芡，水一开即起锅。这种下锅的制作方法适于羊肉、猪肝、鸡片、猪里脊片、鱼片、虾片等。而鱼丸宜在温水入锅，以免被沸水冲散。

氽还可以先将原料用沸水烫熟后捞出，放在盛器中，另将已调好味的、滚开的鲜汤，倒入盛器内一烫即成。这种氽法称汤泡或水泡。氽的基本操作要求如下。

1）氽的选料严格，要求原料新鲜、无异味。

2）氽的原料加工，要切削成细小的片、丝、条、粒等形状。

3）氽的汤质要清爽，不宜浓厚。

4）氽的加热火候是旺火或中大火，加热时间短。

5）氽一般作用于汤菜。

6. 蒸的基本操作要求

蒸是以蒸汽为主要传热介质的烹调方法。蒸汽的温度一般比水要高，能较好地保持原料的原始形状，使营养成分不易损失，是一种较佳的环保烹调方法。

不论用蒸笼、电锅还是蒸锅来蒸，也不论是蒸什么食物，水开才放入食材是蒸的关键，水不开没有蒸汽就不叫蒸。蒸的基本操作要求如下。

1）蒸制菜肴所用的火候，要根据材料的性质和烹调要求来掌握。一般材料质地鲜嫩，只要蒸熟不要蒸酥烂的菜，应该用旺火速蒸；材料质地老、形状大的又需要蒸酥烂的要用旺火沸水长时间蒸；要保持材料鲜嫩的要用中小火沸水慢慢地蒸。

2）全鸡、全鸭、大块的肉类，要长时间大火蒸，且蒸好熄火后再闷上10分钟才能揭盖，这样肉才不会夹有血水。

3）蒸鱼等海鲜类以中火蒸最理想，蒸好后要立即取出，好让热气散发，肉质才会细嫩。如果火太大，温度太高，肉质容易紧缩、干涩。

4）蒸蛋、蒸豆腐则要用小火，且由温水开始蒸，同时锅盖还要留点缝，蒸出来才会饱满光滑、鲜嫩可口，不会蒸成蜂窝状。

5）蒸经过发酵的面食，要保持大火，且不能时间一到就马上掀盖，应在关火后闷上几分钟，这样才能蒸得饱满漂亮。

7. 烤的基本操作要求

烤是以热空气或明火为传热介质的一种烹调方法。烤的基本操作要求如下。

1）烤制的设备要节能，便于操作，安全卫生。

2）烤的原料常以禽、畜、水产为主，还可选择一些适合的蔬菜及豆制品。

3）烤的原料库存时间要短，新鲜、无异味。

4）烤的原料在烤前要进行烹前调味。

5）烤的加热温度根据菜肴要求准确调整。

6）烤用于大菜。

技能训练 1　脆炸红薯球

1. 原料

（1）坯料　熟红薯300克，糯米粉100克，面粉50克。

（2）馅心　枣泥馅200克。

（3）辅料　面包糠80克，鸡蛋液50克，精炼油500克（实耗40克）。

2. 操作过程

（1）面团调制　将熟红薯、糯米粉、面粉放盆内，拌和均匀。

（2）生坯成型　将红薯面团搓条、摘剂，压扁后包入枣泥馅，抹上鸡蛋液，滚上面包糠。

（3）制品成熟　锅置火上，倒入精炼油，烧至三成热，将生坯放入炸至淡金黄色时，捞出沥去油，装入盘中即成。

3. 操作关键

1）红薯宜蒸熟或烤熟，不宜煮熟，因煮熟的红薯，其含水量较高，不利于成团。

2）成品大小一致。

3）炸制时控制好油温。

技能训练2　紫薯拉糕

1. 原料

大米粉300克，糯米粉300克，紫薯蓉300克，奶油50克，白糖100克，松子仁50克，鲜奶250克。

2. 操作过程

（1）面团调制　将大米粉、糯米粉、紫薯蓉、奶油、白糖、鲜奶放盆内，拌和均匀。

（2）制品成熟　将紫薯拉糕生坯放入蒸箱内，蒸40分钟，取出，切成块，装入盘中即成。

3. 操作关键

1）大米粉与糯米粉的比例要恰当。

2）紫薯蓉色泽要鲜艳。

3）蒸制时火力要旺，蒸汽要足。

技能训练3　叉烧肉烧饼

1. 原料

（1）坯料（蛋面团）　面粉300克，熟猪油50克，白糖15克，鸡蛋液50克，清水75克。

坯料（干油酥）　面粉200克，熟猪油120克。

（2）馅料　葱花50克，熟叉烧肉150克。

（3）辅料　鸡蛋液25克，脱壳白芝麻50克。

2．操作过程

（1）面团调制　将面粉、熟猪油、白糖、鸡蛋液、清水放盆中，调成蛋面团。将面粉、熟猪油放操作台上，调成干油酥。

（2）馅心调制　将叉烧肉批成大薄片，约批10片。

（3）生坯成型　将蛋面皮擀成薄片，包入干油酥，擀成片，叠成4叠，擀薄后，再对折，擀成片，卷成卷，切成段，擀成薄片，中间放上葱花，包捏成酥饼形，抹上鸡蛋液，蘸上芝麻，即成生坯。

（4）制品成熟　烤箱上火调至210℃，下火调至180℃，预热后，将烧饼生坯放入烤盘中，再放入烤箱中，烤28分钟，取出，从一侧批开，夹入一大片熟叉烧肉，装入盘中即成。

3．操作关键

1）蛋面皮和干油酥调制的硬度要符合要求。

2）所制作的烧饼大小要一致。

3）烤制前，烤箱要预热。

4）叉烧肉不宜过咸。

技能训练4　草莓果

1．原料

（1）坯料　小西米250克，面粉75克，抹茶粉10克，红曲米粉100克，干淀粉75克。

（2）馅料　草莓果脯150克，莲蓉馅150克。

（3）辅料　鸡蛋液25克，精炼油750克（实耗50克）。

2．操作过程

（1）面团调制　将红曲米粉加水煮10分钟，放凉后，放入小西米泡软，捞出用干淀粉拌均匀。

（2）馅心调制　将草莓果脯切成2毫米大小的粒，与莲蓉馅拌和均匀。

（3）生坯成型　将草莓馅分成10份，搓成圆形，蘸上小西米，捏成草莓形，即成生坯。再用面粉加入抹茶粉和水，制成草莓叶。

（4）制品成熟　锅置火上，倒入精炼油，烧至三成热时，放入草莓果生坯，炸熟取出，再将面粉制成的草莓叶，入锅炸熟，点缀在草莓上，装入盘中即成。

3. 操作关键

1）小西米要用红曲米汁泡透，以防西米内有硬心。

2）草莓果制作要形态逼真、大小一致。

3）油炸时注意掌握油温。

技能训练5 川湘风味——鱼香肉丝

四川风味名菜。鱼香味型是川菜常用味型之一。鱼香肉丝是川菜鱼香味型中的典型代表菜，源于四川民间独具特色的烹鱼调味方法，成菜中无鱼而赋鱼香味。

烹调方法 炒

1. 原料

猪肉200克，笋丝25克，水发木耳10克，葱花10克，蒜泥10克，姜米10克，泡红辣椒30克，酱油10克，盐2克，白糖10克，醋7克，水淀粉25克，鲜汤40克，味精1克，精炼油500克（实耗45克）。

2. 操作过程

1）猪肉切成9厘米长、0.3厘米见方的丝，加盐、水淀粉拌匀；木耳切丝；泡红辣椒剁成蓉。

2）将白糖、味精、盐、醋、酱油、水淀粉、鲜汤调成芡汁。

3）炒锅置火上，倒入精炼油，烧至120℃，放入肉丝炒散，加泡红辣椒蓉、姜米、蒜泥炒出香味，再放入笋丝、木耳丝、葱花炒匀，然后烹入芡汁翻炒，待收汁亮油时起锅装入盘中即成。

3. 菜肴特点

色泽红亮，肉质细嫩，香气浓郁，咸、甜、酸、鲜、香、辣兼备，葱、姜、蒜味突出。

4. 操作关键

1）放入泡红辣椒蓉、葱姜蒜炒制时，火力不宜太小，否则会影响菜肴色泽和香气。

2）烹制过程中要求动作迅速，勿使肉丝质老。

3）在调味过程中要注意掌握好糖、醋的比例关系。

技能训练6 川湘风味——宫保鸡丁

四川风味名菜。据传宫保鸡丁是清朝光绪年间四川总督的贵州人丁宝桢喜食的一道菜肴。丁宝桢任山东巡抚时，曾官加“太子太保”（即“宫保”），人称丁宫保，故将此菜叫“宫保鸡丁”。

烹调方法　炒

1. 原料

嫩鸡胸肉250克，盐炒花生仁50克，干辣椒10克，葱粒15克，姜片5克，蒜片5克，酱油20克，醋2克，白糖5克，盐1克，花椒12粒，味精1克，黄酒10克，水淀粉20克，鲜汤30克，精炼油（实耗65克）。

2. 选料

以草鸡为佳，肉用鸡次之；花生仁以粒小味香的为佳；酱油以红酱油为佳；淀粉以绿豆粉、菱粉为佳；盐炒花生仁应干燥未受潮。

3. 操作过程

1）将鸡肉拍松，剞0.3厘米见方的十字花纹，深度约0.2厘米，再切成2厘米见方的丁，放入碗中，加盐、酱油、水淀粉拌匀；干辣椒去蒂、籽后切成2厘米长的段；花生仁去皮。

2）将白糖、醋、酱油、味精、鲜汤、水淀粉调成芡汁。

3）炒锅置旺火上，倒入精炼油，烧至160℃，放入辣椒段、花椒炒至棕红色，放入鸡丁炒散，烹入黄酒炒一下后，再加入姜片、蒜片、葱粒炒出香味，烹入芡汁，淋油后加入花生仁，颠翻炒锅，装入盘中即成。

4. 菜肴特点

鸡丁细嫩，花生仁酥香，辣而不燥，略带酸甜。

5. 操作关键

1）鸡肉拍松、剞刀的目的是便于成熟及入味。

2）干辣椒先下锅，花椒后下锅，火力不宜过大。

3）花生仁在起锅时再放入锅中。

技能训练7　川湘风味——剁椒鱼头

湖南风味名菜。剁椒是用辣椒制成的成品，市场上有售或自己制作均可。

烹调方法　烧

1. 原料

鳙鱼头半个（约750克），剁椒150克，蒜泥5克，姜米3克，葱花3克，醋8克，盐3克，黄酒25克，鸡精3克，白糖5克，酱油8克，水淀粉5克，红油10克，精炼油40克。

2. 操作过程

1）将鳙鱼头去鳃、去鳞，洗干净。

2）将鱼头放入沸水中烫一下，放入大圆盘中，加入剁椒、酱油、醋、白糖、黄酒、鸡精、盐，上蒸笼蒸约25分钟，取出。

3）锅置火上，倒入精炼油，烧热后放入姜米、葱花、蒜泥略煸，将鱼头内蒸出的卤汁滗入锅中，再加适量清水，用水淀粉勾芡，淋入红油，起锅浇在鱼头上即成。

3. 菜肴特点

此菜剁椒与鳙鱼头同蒸，酸辣鲜香，色泽红亮，香气怡人，口味醇厚。

4. 操作关键

1）鳙鱼头要大些，不能太小。

2）蒸制时火候要掌握好，时间短熟不了，时间长了则鱼头质地变老。

技能训练8 齐鲁风味——葱爆羊肉

山东地区盛产山羊，故用羊肉制成的美味菜肴颇多。此菜选用大葱和羊腿肉，经爆炒而成，为火功菜之一。

烹调方法 炒

1. 原料

羊腿肉250克，大葱250克，盐2克，味精1克，酱油5克，黄酒15克，水淀粉35克，鸡蛋清1个，芝麻油5克，精炼油（实耗65克）。

2. 选料

选用新鲜的羊腿肉制作此菜。

3. 操作过程

1）将羊肉片成1.5厘米厚的片，两面用刀交叉剞上刀纹，再切成1.5厘米宽的长条，顶刀切成方丁，放入碗内，加入盐、鸡蛋清、水淀粉20克拌匀；大葱顺长切成两半，再切成2厘米长的小段备用。

2）炒锅置火上，放入精炼油，烧至七成热时，将羊肉丁放入，用铁筷迅速划散，再放入葱段搅散，倒入漏勺沥油；锅内留油少许，将羊肉丁和葱段放入锅内，加入盐、酱油、黄酒、味精，用水淀粉勾芡，淋入芝麻油，在旺火上翻匀，起锅盛入盘内即成。

4. 菜肴特点

此菜羊肉滑嫩，咸鲜可口，大葱香气扑鼻，色泽油润光亮。

5. 操作关键

1）此菜主料选用去骨羊腿肉为宜。

2）烹调时要突出大葱的香气。

3）调制兑汁芡要把握准口味。

技能训练 9 齐鲁风味——煎烹大虾

齐鲁风味名菜。由于烹制时采用煎烹技法，可使大虾直接与炒锅接触受热，较之炸烹、油焖法，可产生虾皮焦脆、虾肉细嫩的效果。同时，能保持大虾的原汁原色原味，使其色泽更为艳红，味道更加鲜醇。尤其是用葱、姜、蒜炝锅爆香，更突出体现了鲁菜擅烹河海两鲜的特色。

烹调方法 煎烹

1. 原料

大对虾6只，约600克，葱丝5克，姜丝5克，蒜片5克，盐3克，白糖25克，黄酒15克，醋3克，鲜汤250克，花椒油10克，精炼油（实耗65克）。

2. 操作过程

1）将大对虾剪去虾须、虾枪，剪开虾背挑去沙线，并挖出胃囊，掐去尾刺，洗净擦干。

2）炒锅置火上，放入精炼油烧至七成热，将对虾放入热油中，边煎边用手勺轻压，反复翻动，使虾身接触热锅，虾身煎至焦黄色时，用手勺轻压虾头，煸出虾黄，煎出红汁。然后将葱丝、姜丝、蒜片下入锅中爆香，加盐、白糖、黄酒、醋、鲜汤调味后加锅盖烧焖。待其两面均入味，汤汁浓稠后，用筷子将大虾拣在盘中摆成型。用旺火将余汁烧浓，淋入花椒油，浇在盘中大虾上，即可上桌供餐。

3. 菜肴特点

对虾原汁原味，色形美观，油汁明亮，咸鲜而甜，香美无比。

4. 操作关键

1）大虾要清理干净，不可残留污物。

2）烹制过程中要保持大虾的原形，不可破损。

技能训练 10 齐鲁风味——鲜贝原鲍

齐鲁风味名菜。鲜贝和鲍鱼都为海中八珍之一。鲍鱼的种类很多，分布也很广，几乎世界各地的海里都能找到它。我国沿海也都有鲍鱼分布，在北方，以大连及长山八岛出产较多，出产的都是盘大鲍，它们的个体较大，呈卵圆形。

烹调方法 炒

1. 原料

鲜扇贝肉400克，带壳鲜鲍14个，水淀粉25克，冬笋25克，水发香菇25克，葱末10克，青豆20粒，姜米10克，蒜片3克，黄酒5克，盐3克，味精5克，鲜汤75克，花椒油3克，酱油适量。

2. 操作过程

1）先将鲍鱼壳用刷子洗干净，再用尖刀沿壳边将肉挖出，摘除内脏，片去壳肌，空鲍鱼壳用沸水煮后，围摆在盘子边沿；鲍鱼在贴壳的一面剞菊花花刀，每隔0.6厘米刻一刀，再一切两半，冬笋、香菇一半切为1.2厘米的象眼片，另一半切成0.6厘米见方的丁。

2）取两个小碗，一个碗加鲜汤、黄酒、味精、盐、水淀粉制成白汁；另一小碗用鲜汤、酱油、黄酒、味精、水淀粉制成红汁。

3）炒锅置火上，加清水烧沸，将鲍鱼和鲜贝分别入水汆至五成熟捞出，沥去水分后，再分别投入180℃的油中炸一下捞出。

4）炒锅置火上，添底油，锅热时，用葱、姜、蒜煸锅，投入焯熟青豆、扇贝肉煸炒几下，再将鲍鱼下锅，加些花椒油盛出，分别装入鲍鱼壳内。

5）炒锅刷干净，再置火上，添底油，下葱姜蒜炒出香味，投入冬笋、香菇煸炒几下，再装入盘中即成。

3. 菜肴特点

此菜造型美观，鲍鱼口感脆嫩，咸鲜而香，汁浓味重，滋味醇香。

4. 操作关键

鲍鱼焯水，表面微收缩即出锅，烹炒要快速，不然易老。

技能训练11　闽粤风味——蚝油牛肉

广东名菜。“蚝油”是选用鲜蚝（牡蛎）汁，辅以其他原料，经过焙烘蒸煮等工艺处理而成，是广东常用的调味品，以地处珠江口深圳市沙井一带的蚝油制品最为有名。牛肉经腌制后嫩如豆腐，加以蚝油作调味品制作。

烹调方法　炒

1. 原料

上浆牛肉片300克，蚝油8克，蒜泥5克，姜末2克，葱段5克，味精1克，胡椒粉1克，黄酒5克，水淀粉5克，芝麻油5克，鲜汤25克，精炼油（实耗65克），酱油适量。

2. 操作过程

1）将胡椒粉、味精、酱油、鲜汤、水淀粉、蚝油、芝麻油调成兑汁芡。

2）炒锅置火上，倒入精炼油，烧至四成熟，放入牛肉划散至变色，倒入漏勺中沥去油。

3）炒锅复置火上，锅内留少许油，放入蒜泥、姜末、葱段煸炒出香味，下牛肉片，淋黄酒，加入芡汁颠翻炒锅，淋芝麻油炒匀，装入盘中即成。

3. 菜肴特点

牛肉鲜嫩，软滑可口，具有一定的蚝油鲜香味。

4. 操作关键

1）火候掌握恰当，确保牛肉滑嫩。

2）调味准确，卤汁紧裹于牛肉的表面。

3）蒜、姜、葱要煸炒出香味。

技能训练 12　闽粤风味——葱油烤鱼

闽粤传统风味名菜。鲷鱼以摄取贝类和甲壳类动物为食，其肉质坚实细腻，白嫩肥美，鲜味醇正，尤以鱼头醇美无比。配上葱姜辣椒丝一同食用，更有独特风味。鲷鱼营养丰富，富含大量蛋白质和矿物质，而且较容易被人体吸收。

烹调方法　烤

1. 原料

活鲷鱼1条，红辣椒半个，圆白菜1棵，西洋菜50克，白萝卜1个，葱段200克，姜片10克，盐3克，味精3克，胡椒粉2克，芝麻油10克，精炼油200克（实耗65克）。

2. 选料

鲷鱼应选择肥大而鲜嫩者。

3. 操作过程

1）将洗净的鲷鱼由腹部去骨，鱼身和腹内撒上胡椒粉、盐、味精抹匀，腌制10分钟。葱段、姜片、辣椒均切成细丝，拌匀入碗。取一半圆白菜切成细丝。白萝卜雕刻成20厘米×28厘米的长方形渔网状。

2）取6片圆白菜平铺在烤盘上，放上鲷鱼。烤箱加热至200℃时，将鱼放入，烤约20分钟取出。

3）将圆白菜丝铺在鱼盘内，摆上烤鱼，周围放上葱姜辣椒丝。

4）炒锅置火上，放入精炼油，烧至170℃，起锅淋在鱼和葱姜辣椒丝上面，盖上“渔网”，撒上西洋菜即成。

4. 菜肴特点

此菜鲷鱼肉质细嫩，香气浓郁，咸鲜味美。

5. 操作关键

1）烤鲷鱼时，要垫上菜叶丝。

2）烤鱼时要掌握好成熟度。

技能训练13 闽粤风味——避风塘炒蟹

我国香港地区风味名菜。“避风塘”是香港的一个地名，这里烹调菜肴的方法已经成为一种特色。避风塘炒蟹中蒜蓉干脆焦香，黄而不煳，蒜香味与辣味、香味、蟹鲜味结合，味道和谐，非常可口。蒜头中的香辛素醒胃，而且蒜头有很好的保健功效，能助消化，还能杀死肠内的寄生虫。

烹调方法 炸

1. 原料

肉蟹或膏蟹400克，金蒜粒50克，青椒1个，红椒1个，姜米10克，葱花10克，黄酒10克，盐4克，味精2克，胡椒粉2克，黄酒10克，精炼油500克（实耗65克）。

2. 操作过程

1）将蟹洗净斩成大块，沥干水，加入盐、黄酒拌匀待用。青椒、红椒去蒂、籽，洗净，切成粒状。

2）炒锅置火上，放入精炼油，烧至170℃，放下蟹块炸至金黄色，倒入漏勺中沥去油，待用。

3）炒锅复置火上，放入炸过的蟹块，倒入青椒粒和红椒粒以及姜米、葱花、胡椒粉、金蒜粒、盐、味精，颠翻炒锅，翻拌均匀，装入盘中即成。

3. 菜肴特点

此菜色彩鲜艳，蟹块香辣，味道浓郁。

4. 操作关键

1）洗净的蟹块在腌制前要吸干水分。

2）制作金蒜粒时，蒜粒下锅翻炒至金黄色时一定要炒出蒜香味，但不能炒焦。

技能训练14 闽粤风味——淡糟香螺片

福建风味名菜。该菜以细腻的刀工、独特的调味和精湛的烹调技巧著称。雪白的螺片外裹殷红的香糟汁，舒展似花的螺片曲且挺，令人食欲大增。

烹调方法 炒

1. 原料

净香螺肉400克，水发香菇10克，净冬笋50克，葱段2根，蒜泥2克，姜米1克，水淀粉10克，香糟20克，黄酒10克，白糖10克，白酱油15克，味精3克，鲜汤50克，芝麻油5克，味精2克，盐4克，精炼油200克（实耗65克）。

2. 选料

选择新鲜的香螺肉和鲜红色、糟香味浓的香糟制作此菜。

3. 制作过程

1）将香螺肉尾部切除，用竹刷刷掉污物，洗净后，片成大小均匀的大薄片，放入60℃的热水锅烫一下捞起，用黄酒抓匀稍腌。冬笋、香菇均切成与螺片相同大小的片。葱段切马蹄片，与鲜汤、味精、白糖、白酱油、芝麻油、水淀粉、盐一起调成卤汁。

2）炒锅置旺火上，倒入精炼油烧至130℃时，将冬笋片下锅过油1分钟，倒进漏勺沥去油。炒锅留少许精炼油，放回火上烧热，先将蒜泥、姜米下锅煸香，再放入香糟略煸，随即加入香菇片及过油冬笋片，倒入卤汁烧沸搅匀，立即放入烫过的螺片，颠炒几下装入盘中即成。

4. 菜肴特点

此菜质脆嫩鲜爽，糟味香而淳美。

5. 操作关键

1）香螺要新鲜。

2）香螺肉要批得大而薄。

3）香螺肉加热时间不宜过长。

技能训练 15　江浙风味——软兜长鱼

江苏淮扬风味名菜。据说，以前烫杀长鱼是将活长鱼放进纱布兜中扎好口，放入带有葱、姜、盐、醋的沸水锅内，氽至鱼身卷曲，口张开时捞出，取其脊肉烹制。成菜后鱼肉十分细嫩，用筷子夹起，两端下垂，犹如小孩胸前的肚兜带，食时，可以用汤匙兜住，故名“软兜长鱼”。

烹调方法　炒

1. 原料

小黄鳝800，蒜片10克，黄酒10克，酱油10克，香醋35克，味精1克，盐15克，葱段5克，姜片5克，白胡椒粉1克，水淀粉10克，精炼油35克。

2. 操作过程

1）锅内放入清水、盐、香醋、葱段、姜片，烧沸后，倒入黄鳝，迅速盖紧锅盖，待黄鳝停止窜动，水微沸后再加入少量清水，并用手勺轻轻地将黄鳝推动翻身，待黄鳝全部张开嘴后捞出，放入清水中洗净，划下鱼肉。取脊背肉一掐两段，放入沸水锅中烫一下，捞出沥去水。

2）锅置火上，倒入精炼油，投入蒜片炸香，放入黄鳝脊背肉，加入黄酒、味精、酱油，用水淀粉勾芡，烹入香醋，淋入精炼油，翻拌均匀，撒上白胡椒粉，装入盘中即成。

3. 菜肴特点

此菜鳝鱼脊背乌光烁亮，口感软嫩，清鲜爽口，蒜香浓郁。

4. 操作关键

1）宜选用笔杆青小黄鳝。

2）烫黄鳝时火力不宜过大，保持微沸，使黄鳝腹部的血液凝固。

3）炒黄鳝时火要旺，动作要快，旺火速成。

技能训练16　江浙风味——鸡粥菜心

江苏风味传统名菜。民谚有："鱼鲜肉鲜比不上十月的菜心鲜""十月的白菜赛鱼羊"。选用农历十月份的菜心和鲜嫩的鸡肉制成的"鸡粥菜心"，色泽分明、味道鲜美。

烹调方法　软炒

1. 原料

生鸡胸肉100克，猪肥膘肉15克，鸡蛋清2个，青菜心250克，熟火腿末5克，味精2克，盐5克，鲜汤500克，水淀粉70克，精炼油50克。

2. 操作过程

1）将鸡胸肉批成薄片，放入清水中泡约15分钟，捞出与生猪肥膘肉放入粉碎机中打成细蓉，倒入碗中，分批掺入鲜汤，加盐、水淀粉、味精拌匀。将鸡蛋清打匀倒入，搅拌成鸡蓉糊。

2）菜心放入沸水锅中烫一下，放凉水中浸凉，捞出斩成细蓉。

3）炒锅置火上，倒入精炼油，将鸡蓉糊徐徐倒入锅中翻炒，待鸡粥大沸时，淋入精炼油，一半装入碗中，锅中放入菜心蓉，搅匀，再翻炒几下，全部装入碗中，撒上火腿末，即成。

3. 菜肴特点

此菜鸡粥滑若凝脂白如雪，菜心柔嫩翠色欲滴，白中隐绿，似玉中藏翠，清鲜腴美爽口。

4. 操作关键

1）鸡胸肉应斩得较细。

2）应掌握好鸡蓉与汤汁的比例。

3）炒制时可用汤炒，也可用油炒，但都应该使制品洁白。

技能训练 17 江浙风味——葫芦虾蟹

江苏淮扬风味名菜。该菜以虾仁、蟹肉为馅心，用猪网油包裹，粘上面包糠，捏成葫芦形，经炸制成菜。

烹调方法 炸

1. 原料

虾仁100克，熟蟹肉50克，猪网油120克，鲜大虾10只，面包糠50克，鸡蛋2个，香菜15克，药芹100克，黄酒10克，盐2克，胡椒粉1克，葱花5克，姜米5克，葱椒盐1克，花椒盐1克，干淀粉40克，鲜汤10克，精炼油50克。

2. 操作过程

1）将大虾去头壳和身壳，留尾壳成凤尾虾。虾仁用盐、干淀粉、鸡蛋清拌和均匀。药芹放入沸水中烫一下，捞出浸凉，撕成长丝。

2）蟹肉放碗中，加姜米、黄酒、鲜汤、盐、胡椒粉、葱花、虾仁拌匀成馅。用葱椒盐、鸡蛋、干淀粉调成全蛋浆。猪网油切成15厘米见方的片。

3）将猪网油两面拍上干淀粉，铺在案板上，抹上全蛋浆，在每张网油的一角放上凤尾虾，并将馅心分成10等份，放在网油上，包成圆锥形，外抹全蛋浆，裹上面包糠，在中间用药芹丝系上蝴蝶结，扎成葫芦虾蟹生坯。

4）锅置火上，倒入精炼油，烧至160℃时投入葫芦虾蟹生坯炸透捞出，待油温回升至170℃时再复炸至金黄色捞出，放在大圆盘的四周，撒上花椒盐，用香菜点缀即成。

3. 菜肴特点

此菜形态逼真，色泽金黄，质地松脆鲜嫩。

4. 操作关键

1）猪网油要切得大小一致，便于包捏成型。

2）入锅油炸时要随时注意油温变化。

3）葫芦形不宜做得太大。

复习思考题

一、名词解释

1. 烹调。
2. 脆炸。
3. 浸炸。
4. 面点创新。
5. 蛋白质变性。
6. 蛋白质水解。
7. 初步熟处理。

二、简答题

1. 简述面点创新方法。
2. 简述蛋白质在烹调加工中的变化。
3. 简述脂肪在烹调加工中的变化。
4. 简述油脂在烹饪中的作用。
5. 简述维生素在烹调加工中的变化。
6. 在加工烹调过程中怎样减少维生素的损失?

项目 7

展台设计

- 展台设计
  - 主题设计
    - 造型与布局知识
    - 色彩基础知识
  - 展台布置
    - 制作立体装饰物
    - 主题展台的装饰
    - 技能训练1　设计主题展台面点菜单
    - 技能训练2　立体装饰物——小白兔船点
    - 技能训练3　立体装饰物——小白鹅船点

展台设计是为提高参展企业的公司形象，宣传公司产品，在指定区域范围内搭建成的能体现公司形象的建筑物形象设计方案。方案由专业的展览设计公司设计并搭建。

展台的设计，其基本是围绕展览方针进行挑选的。它直接的意图就是为了完成展览的方针，这是在设计的细节上能够表现出来的。因而需要遵从一个意图性准则。

7.1 主题设计

烹饪展台一般指烹饪作品的展台。烹饪展台的主题与风格，根据具体情况而定。一般烹饪可分为两类：一类是日常烹饪展台。这类展台是饭店一年四季都在饭店展示的，如零点菜肴面点展台、宴席展台、特色菜点（地方小吃）展台；一类是烹饪活动展台，即举办各类烹饪活动所设置的展台。常见的有美食节、烹饪比赛、烹饪类的会议等。

1. 日常烹饪展台

展台在饭店中应用较为广泛，它是饭店展示自身的一个重要场所，引导消费者更好地选择自己所需要的服务。零点展台的设计，尽量满足客人点餐的要求，一是要求地点设在餐饮大厅，一进饭店就能找到；二是使客人看到面点、菜肴的色泽、造型、原料品种、菜点口味、成品重量、价格。这种展台多数以图片形式为主，少数以石蜡仿真模型形式放在展台上。展台上的品种都是饭店近期出售的菜点，在展台的醒目位置放置该店的特色面点（或菜肴），以吸引客人的目光。非重点推销的菜点品种，则放置在一般的位置。

宴席展台在价格上应具有高档、中档、低档三种档次。在主题上应具有婚宴、寿宴、生日宴、升学宴等常见的宴席，这种展台基本上都以图片形式展出。季节上有春夏秋冬四季的展台。宴席展台设计，应了解客人的想法，并把客人的想法贯穿到菜单设计之中。通过计划、策划、设想、构思，以视觉的形式传达出来。

2. 烹饪活动展台

设计应根据各种活动的需要而进行规划。如美食节，就是在一段时间内推出的以某一主题为主的系列食品促销活动。它在现代餐饮企业经营中占有重要的地位。举办各种形式的美食节成为众多餐饮企业推广产品的主要手段。

要依据展台要求设计面点品种。我国面点品种繁多，花式复杂，主要面点种类有：

（1）按原料分类　可分为面粉类制品、米及米粉制品、杂粮类和其他原料制品。

（2）按成熟方法分类　可分为蒸、炸、煮、烙、烤、煎及综合熟制法的制品。

（3）按面点形状分类　可分为饭、粥、糕、饼、团、粉、条、包、饺、烧卖及羹、冻等。

（4）按馅心分类　可分为荤馅、素馅、荤素结合馅等。

（5）按口味分　可分为甜点、咸点和甜咸味制品等。

（6）按风味分　可分为广式风味面点、苏式风味面点、粤式风味面点，以及各省、市、自治区、少数民族面点等。

展台上呈现的面点品种必须要有自己的特色，能够体现一个地区或一个餐馆企事业的面点风味特色，展现制作面点的烹饪工艺，将美好的一面表现出来。如某一餐馆的面点师傅拉面制作有自己的特色，就可以在拉面品种方面创新，并采用不同的烹调方法来制作拉面，如炸制的拉面，如塑造成不同的造型，可以设计几个品种；烤制的拉面，加入不同的调料和配料，能制作出许多品种；拉面抹上精炼油，上笼蒸制出来，摆出不同的造型，辅以不同的调辅料，也能做出许多新品种。

以此类推，扬长补短，以一个地区或一个店的面点特色品种，制作出不同口味、不同造型、不同色彩、不同餐具的系列面点，展示面点制作技艺，弘扬面点文化，达到展台设计的目标。

7.1.1　造型与布局知识

面点造型，主要以生活化、可爱化、喜爱化为主，可以用一些宠物小狗小猫做面点的造型，也可以用一些爱心的造型作为面点的造型，只要够萌够可爱，就会受到喜爱。

造型艺术指使用一定的物质材料通过塑造可视的静态形象来表现社会生活和艺术家情感的艺术形式。它包括工艺美术等具体的艺术形式。

在造型艺术的领域中，由于所使用的物质材料和表现手段的不同，使得不同艺术种类的美学特点各有差别。如绘画与雕塑、摄影与绘画、雕塑与工艺美术，它们彼此间的差异性也是天壤之别。然而，尽管造型艺术的各个门类都有自己的个性特征，从中还是能够找到一些共性的、可以在造型设计中注重把握的原则。

（1）造型艺术要有审美价值　作为一种空间艺术形式，造型艺术首先必须具备审美价值。由于这种艺术形象是直接的空间存在形式，因此人们的视觉可以毫无障碍地感受到它们的存在，从而引发审美感觉。在绘画和摄影艺术中，艺术家用线条、色彩、色调和构图在平面空间中创造着平面感或立体感的二维形象；在雕塑、建筑艺术和工艺美术中，艺术家们则用泥土、木石、金属为材料，在立体的空间中创造出具有实在物质性的三维形象。不管是何种形象，如果没有美感，就谈不上设计。

（2）造型艺术要突出瞬间性 造型艺术由于塑造的是可视空间性的静态形象，因此就其本质而言，它是不适合表现事物的运动和过程的。所以，艺术家通过使用一定的物质材料和手段而塑造出的艺术形象，只能是艺术形象运动过程中的某一瞬间的凝固，是瞬间的形象展现。有价值的作品一定是抓住了与时间性有关的因素。最有代表性的作品就是体育摄影，它对运动的捕捉就是用静态艺术手段去反映运动的创作，体育摄影的价值也就是其瞬间性。同样，在绘画、雕塑乃至工艺美术和设计中，都需要这种瞬间的时间把握。否则，造型艺术就会丧失生气。

（3）造型艺术要着力追求意境的表现 传统观念认为，造型艺术长于再现而拙于表现。但是，现代优秀的造型艺术打破了传统再现的藩篱，日益由再现转向表现。艺术家通过造型艺术的创作活动来表现和传达自己的某种意识及情感倾向。艺术的再现仅仅是惟妙惟肖的模仿，而表现却需要作者抓住抽象艺术本身的内涵，展现造型的意境。这就如同我国水墨画中的空白，绝对不是背景或者多余，正是意念所在。

7.1.2 色彩基础知识

1. 色彩的三要素

色彩三要素是色相、纯度和明度。

（1）色相 色相指色彩固有的颜色，如红、绿、蓝等。

（2）纯度 指色彩的纯净程度，即原色在色彩中所占的百分比。

（3）明度 表示色所具有的亮度和暗度称为明度。

2. 色彩的冷暖

冷暖色指色彩心理上的冷热感觉。红、橙、黄、棕等色往往给人炽热、兴奋、热情的感觉，称为暖色。绿、蓝、紫等色往往给人镇静、凉爽、开阔、通透的感觉，所以将其称为冷色。

7.2 展台布置

7.2.1 制作立体装饰物

红花需要绿叶扶持。展台上不单放置各式面点，还需要放上其他的辅助物品。常用的一些装饰品有食物架、泡沫雕、食品雕刻、翻糖、面塑、糖艺、巧克力雕等，再辅以不同造型的灯光，使展台更美观。

（1）食物架 食物架是盛放食物及物品的架子。有了这种特殊的架子，可以将所需要摆放的食物、装饰物，放在架子上，使其有一定的层次感，增加展台的美观程度，吸引人们的眼球。食物架分类如下。

1）从材质上分有不锈钢、塑料、竹质、木质等。

2）从几何形状上分有方形、圆形、三角形、圆锥形、不规则形等。

3）从象形上分有阶梯形、篮形、船形、柳叶形、鱼形、龙形、孔雀形、凤凰形等。

4）从层次上分有单层、两层、三层、四层等。

5）其他形状。除上述形状外的其他形状食物架。

（2）泡沫雕 泡沫雕产品具有重量轻、价格低、制作周期短等优点，广泛应用于展览场所、展台上，是一个较理想的装饰物品。常见的泡沫雕有圣诞老人、白雪公主、财神、生肖等特色形象，在重大节庆中扮演着不可或缺的角色。

（3）食品雕刻 食品雕刻是用烹饪原料雕刻成各种动植物、人物、花卉、风光建筑等各种图案与形态来美化菜肴装点宴席的一种美术技艺。食品雕刻经常出现在展台上，有时一些小型作品也作为菜点盘边装饰。食品雕刻常见的有：

1）浮雕。顾名思义就是在原料的表面上，表现出画面的雕刻方法。又有阴纹浮雕和阳纹浮雕之分。阴纹浮雕是用V形刀，在原料表面刻出V形线条图案，此法在操作时较为方便；阳纹浮雕是将画面之外的多余部分刻掉，留有“凸”形高于表面的图案。这种方法比较费力，但效果更好。另外，阳纹浮雕还可根据画面的设计要求，逐层推进，以达到更高的艺术效果，此法适合于刻制亭台楼阁、人物、风景等。具有半立体、半浮雕的特点，其难度和要求较大。

2）镂空雕。镂空雕一般是在浮雕（形成）的基础上，将画面之外的多余部分刻透，以便更生动地表现出画面的图案。如西瓜灯等。

（4）翻糖 主要运用在翻糖蛋糕上面，有翻糖花卉、翻糖人偶、翻糖饼干等，属于面点类高端产品。翻糖蛋糕的包容性极大，涉及范围也很广。既可以当作单品，也可以做定制化的产品，更可以和甜品、烘焙、水果、饮品相结合，给人耳目一新的感觉。干佩斯适合制作一些立体的造型。而翻糖膏适宜制作翻糖皮及一些平面的造型。

7.2.2 主题展台的装饰

主题展台的装饰，必须考虑装饰品与主题相吻合，色彩一致，形态一致，这样对整个展台才能起到美化的作用。

展台的装饰可以根据现场展台的大小，使用建筑科技装饰物为展台包装。

可运用科技手段，把适合展台的灯饰安装在展台上，照射出五彩缤纷的灯光，使展台产生良好的效果。

技能训练 1 设计主题展台面点菜单

1. 某饭店开业庆典，在门厅内面点展台的菜单品种

1）展台主题：热烈庆祝。

2）大型主盘：孔雀开屏（船点）。

3）船点单盘：花开牡丹，三色荷花，腊月梅花，桃花盛开。

4）花色饺子单盘：四喜蒸饺，蝴蝶蒸饺，知了蒸饺，玉兔蒸饺。

5）花色包子单盘：秋叶包子，月季包子，苹果包子，凤尾包子。

6）花色油酥单盘：兰花油酥，菊花油酥，石榴直酥，南瓜排酥。

2. 某饭店周年庆典，在门厅内面点展台的菜单品种

1）展台主题：周年庆祝。

2）大型主盘：老寿星（船点）。

3）船点单盘：银鹅千姿，月宫玉兔，金鱼戏水，蝴蝶展翅。

4）花色饺子单盘：梅花饺子，菊花饺子，孔雀饺子，凤凰饺子。

5）花色包子单盘：寿桃包子，葫芦小包，佛手小包，刺猬小包。

6）花色油酥单盘：荷花油酥，花瓶油酥，花龙果直酥，黄瓜排酥。

7）主食：一根面。

技能训练 2　立体装饰物——小白兔船点

用“五五”镶粉（即糯米粉与大米粉的比例各为50%）制作成白兔，色彩自然，造型美观。用来装饰面点，也可作为席点。

1. 原料

五五镶粉500克，沸水200克，豆沙馅100克，红曲水10克。

2. 操作过程

1）将镶粉放容器中，加入沸水揉成团，取一半上蒸笼蒸熟，与剩下的一半揉和，待用。再将5克粉团加入红曲水制成红粉皮坯。

2）将上述粉团切成小块，逐个包入豆沙馅心，收口成圆形，再捏成葫芦形。在小的一端捏出兔耳，用竹扦塑出两只耳朵的轮廓，然后捏出面部，用竹扦挑出两只眼窝，取一小块红粉皮坯做成兔子的眼睛，装到眼窝内，用剪刀剪出鼻孔和嘴巴来；在大的部分，即面部下面剪出两只前脚，在另一端剪出两只后脚，在末端剪出一条短而小的尾巴，这样整只白兔即成。上蒸笼蒸熟即可。

技能训练3　立体装饰物——小白鹅船点

用“五五”镶粉制作成白鹅，色彩自然，栩栩如生。用来装饰面点，也可作为席点。

1. 原料

五五镶粉500克，沸水200克，豆沙馅100克，药墨汁10克，红曲水10克，鸡蛋黄10克。

2. 操作过程

1）将镶粉放容器中，加入沸水揉成团，取一半上蒸笼蒸熟，与剩下的一半揉和，待用。

2）取一小块粉团，2/3放入少许鸡蛋黄和少许红曲水，揉成橙黄色，余下的1/3放入药墨汁，揉成黑色。将本色粉团切成小块，逐个包入豆沙馅心，收口成圆形，将粉团捏出一个鹅形。取一小块橙黄色皮坯，做成鹅的头，装在鹅头颈部，用板子压出鹅头顶和嘴巴，用剪子剪出鹅嘴。取另一小块黑色皮坯，做成两只眼睛，装在鹅头两侧。在身体两侧剪出两只翅膀来，后面用梳子压出尾巴毛。取另一小块橙黄皮坯，捏出两只脚，装在腹部下面，成一只白鹅。上蒸笼蒸熟即可。

复习思考题

一、名词解释

1. 展台设计。
2. 宴席展台。
3. 造型艺术。
4. 色相。
5. 纯度。
6. 明度。
7. 面塑。
8. 糖艺。
9. 食品雕刻。
10. 干佩斯。

二、简答题

1. 简述展台设计功能性原则。
2. 简述展台设计的要求。
3. 简述色彩的三要素。
4. 论述色彩的冷暖。

项目 8

厨房管理

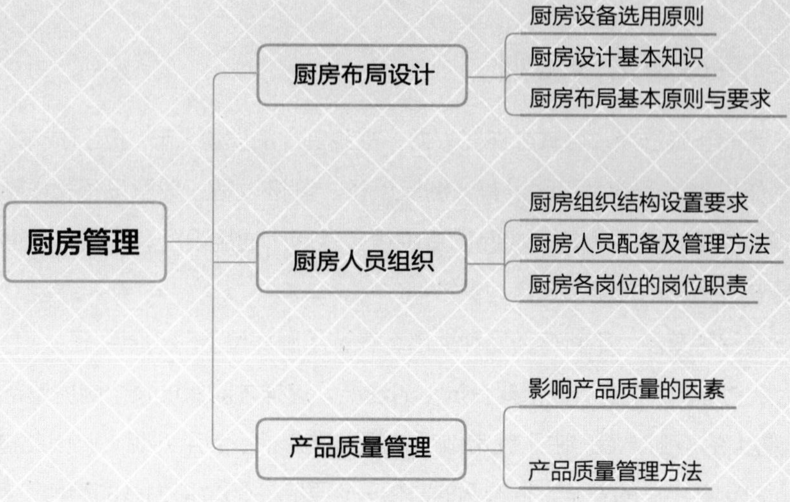

厨房管理
厨房布局设计
厨房设备选用原则
厨房设计基本知识
厨房布局基本原则与要求
厨房人员组织
厨房组织结构设置要求
厨房人员配备及管理方法
厨房各岗位的岗位职责
产品质量管理
影响产品质量的因素
产品质量管理方法

厨房管理指厨房管理者行使管理的各项职能，对厨房的资源进行合理的组织，最终高效率地实现经营目标的过程。有效的厨房管理，必然能使厨房运行合理化和高效化。合理化指合理组织厨房中的人力、物力、财力，明确每个员工的职责。安排好需要进行的各项生产和操作；高效化指通过合理地配备和组织人员，来提高劳动生产效率，努力实现经济效益和社会效益。

8.1 厨房布局设计

厨房布局是厨房管理中的重要环节，可以不夸张地说，没有合理的厨房设计和相应的厨房设备，任何厨房管理都会遇到很大的障碍。美国旅馆集团负责人凯蒙·威尔逊曾经说过，没有满意的员工就没有满意的顾客，没有使员工满意的工作场所，也就没有使顾客满意的环境。对于现代厨房来说，营造一个明亮、设备先进、布局合理的工作场所是提高工作效率、加强厨房管理的前提，这也是厨房管理的最终目的。

8.1.1 厨房设备选用原则

面点设备的正确选择，可减少许多人力，提高制品的质量，节约运行成本。

面点制作机械设备分为和面设备、制皮设备、制馅设备、成型设备和成熟设备等。前四种机械设备，是面点专用设备。成熟设备中很多是厨房通用设备，中餐、中面、西餐、西面都使用，这些设备可由总厨师长合理安排。

厨房设备品种繁多，不断有新品种上市，在选用厨房设备时的原则是：

（1）卫生的原则 厨房设备要有抗污的性能，这样才能保证整个厨房设备的卫生。

（2）防火的原则 厨房由于经常做饭，所以避免不了会用到明火，因此材料防火阻燃能力的高低，决定着厨房的安全，在选购的时候一定要选择防火能力强的厨房设备。

（3）方便的原则 在厨具的设计上，需要按照正确的流程来设计，以便在日后的使用过程中比较方便、快捷。再就是灶台的高度要合理，以免影响使用。

（4）美观的原则 厨房设备要有耐磨性、易清洁等功能，这样才能延长厨具的使用寿命和保持美观。

8.1.2 厨房设计基本知识

在设计厨房布局时要考虑到员工的劳动效率。通常厨房的生产要具有合理的流程线路。如果在设计中没有选出最佳的厨房构图，而是用固定的厨具打乱生产流程，就会使员工疲于奔命。这样在同等的劳动时间内，员工所创造出的价值就打折扣。所以要提高员工的劳动效率，应从下列两点来考虑：

1. 生产线路的合理安排

生产路线的安排要遵循以工艺流程的走向为依据。要使生产操作方便，必须布局好厨房，形成流水作业，如任何一间厨房的生产都是从进货→初加工→精加工→成熟→传菜点台的流动过程。不能颠倒流程的次序，否则必将造成混乱。为了保证厨房的正确流向，尽可能进行分区设计。如初加工区、清洗区、制馅区、发酵区、烹调区等。选择最佳工作流向，应该设计最方便、线路最短的工作线路，如生坯加工与烹调炉灶、烤箱、蒸灶，最好是直线距离。还应该设计员工、货物各自专用的进出通道，避免员工与货物、设备发生碰撞引发危险，从而造成工作效率低下，其中货物通道可以考虑避免穿过加热区。以固定设备的位置来确定工作流向。由于每间厨房的面积和空间设计之前就已确定，所以任何一间厨房出成品的线路都要灵活设计。在厨房，设备是固定的，而人是可以走动的，因此确定设备的位置至关重要，员工工作的流程线路必须随设备的确定而确定。当然设备确定的位置不同，会造成人员走动线路上的不同，设计不好就会影响员工的工作效率。

2. 依人体的特点来布局厨房的空间

布局厨房的空间，一种是利用厨房的长宽来充分安排厨房的各种工作设备。从人体工程学角度考虑，要让员工能在最适宜的环境下工作，这是保证员工工作效率的一种途径，如安排工作台之间的距离要恰当。如果作为通道，两个工作台之间的宽度应该不少于1.2米，而厨房最小的宽度应为2.8米。对标准身高的员工来说，工作台高度应为0.85米为佳，过高或过低的工作台只能带给员工更多的疲劳。一个人所需要的作业面积是长1.5米，宽0.5米的范围，如果要有倾斜动作，那么所需要的作业面积是长1.7米、宽0.8米的范围。充分认识这些数据，对于安排厨房设备是有帮助的。在厨房的设计中应该考虑厨房空间要留有一定的发展余地。从厨房生产的长远规划和餐饮的发展趋势来看，留发展空间是十分必要的。

8.1.3 厨房布局基本原则与要求

1. 厨房布局基本原则

1）保证工作流程连续畅通。厨房工作流程，即厨房从原料进入到菜品出售的一系列循序渐进的工作步骤。厨房生产从原料购进，经过加工和烹调成菜品，是一项接连不断的工作。在进行厨房设计时不仅要留足领料、清运垃圾的通道，还要兼顾大型活动时，餐车、冷菜车的进出是否畅通。

2）厨房各部门尽量要安排在同一楼层，并力求靠近餐厅。厨房不同部门都安排在同一楼层，这样可以缩短原料、菜点的运输距离，提高工作效率，减轻厨师们的劳动强度，保证菜点质量，减少客人等餐时间。同时也便于集中管理和厨房控制。

3）注重食品卫生及生产安全。厨房的选址要远离工业区，500米内不得有粪场，30米内不得有排放尘埃的场所。厨房内的防火、防盗设施，工作人员的安全通道，在设计时应充分考虑。天然气的气表房及控制阀，应安放在远离明火的位置。

4）设备应尽可能兼用，集中设计加热设备。餐饮企业的宴会厅、风味餐厅、零点餐厅等越多，烹调的厨房就越多，应尽可能整合厨房资源，合并厨房的相同功能。

2. 厨房布局基本要求

1）厨房的设计整体布局要合理。厨房的整体面积是餐饮企业总面积的10%左右，这样能够让使用者方便操作，空间设计也能更加合理。

2）厨房的设计要符合厨房的生产流程。厨房里的生产有特定的生产流程，厨房的设计必须使工作流畅，使厨房的实用性达到最大限度，提高厨房的效率。

3）厨房的设计要便于菜点生熟分开。厨房里菜点品种较多，避免产生交叉污染的现象，生的食品和熟的菜点必须放置在不同的冷藏柜中。

8.2 厨房人员组织

8.2.1 厨房组织结构设置要求

厨房组织结构设置的目的是为了分工明确，使得各项厨房分工得以快速、有效、适时地完成。

1. 厨房组织结构

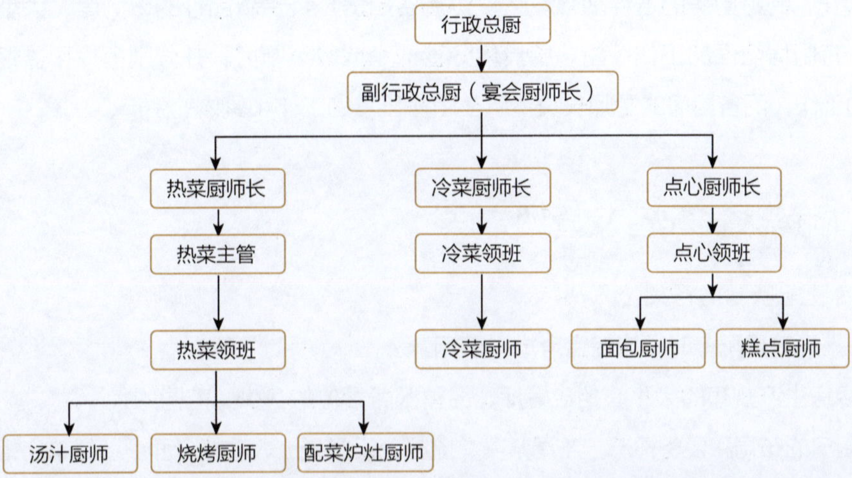

从上图可以看出，只有比较大的酒店餐饮部厨房才需要配置这种操作体系。很多厨房的规模没有这么大，一般是将两个或几个职位合并到一起。若经营规模不大，厨师长除了负责整个后厨事务外，还可以负责其中一个部门或岗位的具体工作。而小型后厨一般只需要一个厨师长、一两名厨师和一两名厨工即可。

2. 厨房组织结构设置要求

厨房组织机构是由餐饮店经理和总厨师长确定的。具体来说，其组织形式应该根据该餐饮店的厨房条件、规模、生产任务、等级和经营要求等因素而定。厨房的生产和管理就是通过厨房组织实现的。

厨房管理的基础是拥有完善的厨房业务组织结构及明确的工作任务和职责。餐饮店的厨房业务组织结构及各种岗位职责的制订应该采用精简实用的原则并从实际出发，尽量做好各种岗位的协调工作，提高整体工作效率。

（1）小型厨房　小型厨房由于规模小，厨房面积有限，人员、设备并不齐备，整个厨房生产一般都是由两三名主要厨师完成的，同时这些厨师还具备多面手的能力，因此厨房的组织结构较为简单。这种组织结构管理层次少。

（2）中型厨房　中型厨房的规模、面积、人员都要大于小型厨房，厨房的生产区域比较齐备。有的厨房除了中餐外还可以配备西餐厨房。厨房生产是按菜点的加工程序分成若干个部门。每个部门设有一名领班负责日常的管理和菜点生产。厨房还设一名不脱产或半脱产的厨师长负责厨房的整体管理工作。这种组织结构岗位分工比较明确、职责分明，便于督导和监控。中型厨房的组织结构适合于小型酒店业、中型餐饮业使用。

（3）大型厨房　大型厨房由若干个不同职能的中小型厨房组织所构成。为了便于管理，通常会设厨房中心办公室，设行政总厨、副总厨、秘书和成本会计。厨房中心办公室的主要职责是：下达各厨房的生产任务，制订生产流程，设计菜单，进行食品成本控制，督导、检查各厨师长，制订厨房的各种规章，负责协调各厨房，负责新品种的研制等。大型厨房的总厨主要主持厨房全面的工作，副总厨具体分管一个或数个厨房，并分别指挥和监督各分厨房厨师长的工作，而各厨房的厨师长负责所在厨房日常的工作和具体的生产。

8.2.2 厨房人员配备及管理方法

1. 合理配备厨房各岗位人员

厨房人员数量配备时，应综合考虑以下因素：

1）厨房生产规模的大小，相应餐厅、经营服务餐位的多少、范围的大小。

2）厨房的布局和设备情况，布局紧凑、流畅，设备先进、功能全面，还是与之相差甚远。

3）菜单经营品种的多少，制作难易程度及出品标准要求的高低。

4）员工技术水准状况。

5）餐厅营业时间的长短。

6）考虑人员轮流休息情况。

2. 厨房人员管理制度

1）厨房人员上下班时，必须打考勤，严禁代人或委托代打考勤。

2）穿好工作服后，应向组长或厨师长报到。

3）根据厨房工作需要，加班的厨师留下，不加班的厨师下班后离开工作场所。

4）上班时应坚守工作岗位，不脱岗、不串岗，不做与工作无关的事。

5）因病需要请假的员工应提前一日向厨师长办理请假手续，并出示医院假条。不符合规定者，按旷工处理。

6）需要请事假者，必须提前一日办理请假手续，经厨师长批准后方有效。

7）根据工作需要，需延长工作时间的，经领导同意，可按加班处理。

8）婚假、产假、丧假按单位员工手册的有关规定执行。

9）服从上级领导，认真按规定要求完成各项任务。

8.2.3 厨房各岗位的岗位职责

厨房中不同的工作岗位，具有不同的职责，各岗位都能各负其责，厨房才能运行良好。

（1）行政总厨的岗位职责

1）根据各餐厅的特点和要求，制订各餐厅的菜单和厨房菜谱。

2）制订各厨房的操作规程及岗位责任制，确保厨房工作正常进行。

3）根据各厨房原料使用情况和库房存货数量，制订原料订购计划，控制原料进货质量。

4）负责签批原料出库单及填写厨房原料使用报表，确保合理使用原料，控制菜点的装盘、规格和数量，把好质量关，减少损耗，降低成本。

5）巡视检查各厨房工作情况，合理安排厨师，统筹各个工作环节。

6）检查各厨房设备运转情况和厨具、用具的使用情况，制订订购计划。

7）根据不同季节和重大节日，组织特色食品节，推出季节性菜点，增加品种，促进销售。

8）听取客人意见，了解菜点销售情况，不断改进提高食品质量。

9）每日检查厨房卫生，把好食品卫生关，贯彻食品卫生法规和厨房卫生制度。

10）定期实施和开展厨师技术培训，对厨师技术水平进行考核、评估。

（2）中餐厨师长的岗位职责

1）在行政总厨的领导下，主持中餐厨房的日常工作。

2）协助行政总厨制订菜单，根据季节的变化，不断创新菜点和推出每期的特色菜点。

3）调动厨师的积极性，监督菜点质量，满足顾客对食品的要求。

4）监督宴会、酒会、团体餐的准备工作和出菜过程。

5）制订采购计划，及时提供采购单，签署每日提货单。

6）督导厨师的菜点投料和技术操作。

7）监督厨师正确使用和维护厨房设备。

8）评估厨师的工作表现，检查厨师的仪容仪表、卫生状况。督导厨师规范着装，合理调配技术力量，加强团结协作。

9）完成食品成本控制，严禁偷吃现象。

10）合理排班，监督出菜顺序速度，创造良好的工作环境。

（3）面点岗领班的岗位职责

1）负责整个面点部门的运行，经常了解顾客对食品的要求及意见，不断改进加工质量。

2）掌握货源情况，做好原料订购计划，并负责面点原料的保管。

3）核定面点的进货标准和成本，进行合理定价。

4）负责整个面点部门的出品质量和生产数量。

5）负责本岗位员工的工作安排和技术培训，做好员工的思想工作。

（4）面点岗位领班及员工的工作程序

1）上班检查采购的原料是否购齐，并领回面点间进行加工。

2）检查早班人员的出勤是否合格。

3）进行面点的制备工作，检查备货的数量是否充足。

4）生产开始时，如果面点尚未做好，留部分人员继续生产，其他人员接单进行面点的制作工作。结束时安排人员准备第二天的生产计划，将剩余面点放好，搞好卫生工作。

8.3 产品质量管理

8.3.1 影响产品质量的因素

面点的产品管理，指管理好原料的采购、菜单的制订、面点生产控制等方面的工作。

“巧妇难为无米之炊”，原料是面点质量好坏的关键，每一个餐饮企业都要从自己的经营目标出发，选择适合厨房生产的原料，并确定原料质量标准，规定需要数量、恰当的价格，安排正确的贮藏方式，为厨房生产做准备。

1. 面点原料的采购

原料采购的方式多种多样，餐饮企业选择何种采购方式，完全依赖于厨房的生产规模和原料市场的具体情况。餐饮企业原料的采购方式一般可分为合同采购、报价采购、实地采购、招标采购四种。

合同采购指买卖双方达成一致性协议，签订合同进行采购。报价采购指餐饮企业将所需的物品填写订购单，附带采购质量规格说明书向供货商询价，由供货商填写报价单或正式报价，经过多方的权衡比较，餐饮企业的决策者会选择一个价格比较公道、质量相对好的供货商为本企业提供原料。实地采购指餐饮企业根据所需的原料及数量，直接到本地或外地市场上进行选购，减少了很多中间环节，可大幅度节约费用。如采购海鲜直接到沿海生产地采购，一般能节省1/3成本。招标采购指按规定的条件，由卖方投标价格，并确定时间公开当众开标，公开比价，以符合规定的最低价者得标的一种买卖契约行为。有发标、开标、决标、签约等流程。招标采购具有公平、自由竞争的优点，可以防止舞弊，多适合大型的餐饮企业选用。

（1）采购质量的管理 在原料采购过程中，对质量的理解应该包括两方面，一是原料品质的质量概念，通常将原料的部位、产地、等级、外观、色泽、新鲜度等定为质量标准的参考因素；二是原料使用的质量鉴别，厨房的管理者灵活掌握原料质量概念，做好质量的控制、监管工作，正确鉴别原料质量。

（2）采购数量的管理 对于不易保存的原料采购数量，应根据实际需要数量采购。反之易保存的原料采购，可根据实际储存能力适当多采购，以减少采购的工作量。

（3）采购价格的管理 在原料采购过程中，价格管理是主要工作之一。由于市场每天都会有价格的波动，所以原料的价格要固定在一个数值上是不可能的，任何一家餐饮企业都希望得到最优惠的高质量原料，那么就需要相应的措施来保证。可以采用以下措施来保证：一是执行每周询价的制度；二是遵循每月报价的制度；三是建立现金采购的制度；四是建立价格否决制度。对于原料的管理，首先是原料价格、质量和数量之间是存在着相互依存的关系，如价格与质量应该是相符合的，原料不能价格高而质量差；价格与数量之间也要保持一种平衡关系，价格高的原料采购的数量就要控制在一定的范围内，不要盲目多进，否则会更多地积压资金。理清它们之间的关系才能更好地对原料进行更合理地管理。其次不能忽视对供应商的管理。由于供应商不是餐饮企业的员工，而是原料质量、数量、价格的第一关，其重要性可想而知。要避免和杜绝采购人员的吃、拿、卡、要等不良作风，减少餐饮企业不必要的经济损失。许多餐饮企业采用的是每年对各类供应商进行评比，对质量信得过的供应商给予供货上的优先考虑或缩短账期等优惠政策，提高供应商为餐饮企业着想的意识，杜绝假货或劣质原料。

（4）原料验收 原料的验收工作是餐饮生产前的一项重要工作，对此项工作的安排千万不能马虎大意。

1）验收工作人员必须具备下列要求：

①身体健康，讲究清洁卫生。②熟悉验收所使用的各种设备和工具。③通晓原料的采购规格和标准。④具有一定鉴别原料的能力。⑤熟悉企业的财务制度，会处理各种票据。

原料的验收程序有这样几个步骤：核对采购计划，核查原料数量，检查原料质量，填写收货单。对于不合格的原料进行退货处理，合格的原料，一部分直接进入厨房，另一部分作为仓储原料直接进入仓库。进入厨房的原料，交由厨师长签字确认；进入仓库的原料，厨房人员会填写领料单去仓库领取。不同类型的原料进入不同的生产、储存区，整个验收工作完成。

2）冷藏原料的管理方法如下：

①冷藏设备每天要检查，查看原料保鲜状况，保证各类原料处于适宜的温度。②冷藏冰箱或冷藏库中的原料要有规律地摆放。③熟制品一定要放凉后再放入冷藏冰箱，避免未凉食品提高冷藏室的温度，生熟原料要分开放置，有条件的厨房，熟制品可以使用专用冰箱。④不经常使用的原料要标明冷藏日期，及时使用。⑤冷藏冰箱和冷藏室一定要定期清理，不要等到冰箱有异味了，才开始清理，这时可能有的原料已经被不良气味污染，造成原料的浪费。

3）冷冻原料的管理方法如下：

①新鲜原料冷冻，必须先要经过速冻，再进行冷冻贮藏，否则原料质量会大受影响。②控制好冷冻库的温度，千万不能随意调节。③一次性准备好所要冷冻或领取的原料清单，

避免来回开启冷库大门。④冷冻原料一经解冻，避免再次冷冻贮藏。否则，原料的质量会急剧下降。⑤进入冷库储存的原料一定要选择合适的包装材料，以免水分的缺失造成原料冻伤。⑥原料一定要上架，并摆放整齐。⑦专人定期清理冷库，保持冷气的通畅与干净卫生。

2．菜单的制订

菜单是餐饮企业重要的营销工具，是餐饮企业的计划书，它决定餐饮设备的选购，决定厨师、服务人员的配备，决定食品的采购储存，决定餐饮成本的控制，决定厨房的布局，是餐饮服务的依据。菜单有零点菜单、套菜菜单、宴会菜单、特色菜单、特种菜单（如客房菜单）等种类。

制订菜单要进行经营目标的定位，对竞争对手的调查，菜点发展的预测，然后才能选择合适的菜点品种。在面点品种上，拍摄照片，制订标准料单，包括每份（只）的重量、色泽、口味、香气、造型、售价，一些功能性面点还要有营养、食疗方面的说明，引导消费者选购，使其吃得明白，吃得放心。

8.3.2　产品质量管理方法

厨房必须控制产品质量，它是企业的生命线。

1．在生产前控制产品质量

（1）采购的控制　采购高质量的原料，是保证厨房生产高质量产品的前提。高质量的原料有时也意味着高价格。任何一家餐饮企业，由于经营目标和追求经济效益的原因，原料的采购不会无限制地攀高价格，都会进行比对。具体的方法是：一严格使用原料采购规格书；二严格控制采购数量；三严格审核原料的价格；四严格执行采购程序。

（2）验收的控制　对原料的验收就是要检查原料的规格、数量、价格是否与订购的要求相符合。为了杜绝采购部门员工和供应商串通一气，坑害餐饮企业，应该设立专门的验收组，对原料质量进行把关。

（3）储存的控制　尽管储存的控制工作大部分是由仓库人员来完成的，但如果没有科学的库管手段和措施，也会造成原料质量下降和数量缺失，对厨房产品质量控制带来一定的影响。

（4）发料的控制　发料控制的目的是按厨房需要发放原料，保证符合厨房需求的规格和数量。原料发料数量、规格控制不好也会造成厨房产品质量控制的失败。

（5）生产量的控制　生产量控制指厨房管理者根据过去产品销售的记录，计划每天的生产量，以保证成本控制的相对稳定。由于厨房生产中主要的浪费问题是菜点生产过量，因此管理者应该学会对生产产品进行预测。

2. 生产中控制产品质量

在生产中对加工原料的各种标准进行控制十分必要。

（1）加工标准的控制　厨房生产加工的主体是烹饪原料，烹饪原料的成本来自于它的价格和数量，通常在生产时原料的价格已经成为一个固定的数值，那么只有控制原料的数量，才能保证原料成本的相对稳定和产品质量的稳定。如果原料加工得体，保证加热程度的到位，使原料不至于损耗过多，即熟料率高，那么就可以将产品质量控制在一定范围内。

（2）单个面点质量的控制　单个面点质量的控制，指加工面点的坯料重量、馅心重量、配料重量、成品重量，都要符合要求。在加工过程中，要经常进行个别抽检、批量整检相结合，保质保量。

3. 生产后控制产品质量

生产后对产品质量的控制主要是一个核查、比较的工作，不会像在生产中对每一个面点那样进行控制，其控制过程主要是对面点销售额、生产成本进行比较、分析，估算出成本率，发生偏差及时纠正，为下一次生产提供可靠的理论依据。

复习思考题

一、名词解释

1. 厨房管理。
2. 厨房布局。
3. 原料验收。
4. 制订菜单。

二、简答题

1. 简述如何合理安排生产线路。
2. 简述影响厨房布局的因素。
3. 简述行政总厨的岗位职责。
4. 简述中餐厨师长的岗位职责。
5. 简述面点岗位领班的工作程序。
6. 简述冷藏原料的管理方法。
7. 简述冷冻原料的管理方法。
8. 试述在生产前如何控制产品质量。
9. 试述在生产中如何控制产品质量。

模拟试卷

中式面点师（技师）理论知识模拟试卷

一、名词解释（第1~5题。每题4分，共20分。）

1. 立塑造型

2. 面点装饰

3. 明度

4. 糖艺

5. 面塑

二、填空题（第6~15题。请将正确答案填入题内空白处。每题1分，共10分。）

6. 面粉中的蛋白质主要是麦胶蛋白和________。

7. 厨房消防设备主要由________和化学灭火设备组成。

8. 千层油糕是________面点（流派）的代表品种。

9. 专用粉是以________为基本原料，根据面点具体品种和加工工艺专门制作的粉。

10. 天鹅酥、金鱼饺按造型方式属于________。

11. 糯米几乎不含直链淀粉，只含________。

12. 荞麦含有丰富的________，其含量是一般精制大米的10倍。

13. 面点熟制工艺中热传递的形式有热传导、________、热辐射三种。

14. ________压力锅是将热透入锅的夹层，与锅内的水交换热能使其沸腾，达到加热食品的目的。

15. 面点制作中，根据坯皮与馅心的比例，通常分为轻馅品种、半馅品种和重馅品种。松子烧卖属于________品种。

三、单项选择题（第16~20题。请选择一个正确答案，将相应字母填入括号内。每题2分，共10分。）

16. 蛋白质吸水性最强时的水温是（　　）

A．20℃　B．30℃　C．60℃　D．70℃

17．影响面粉工艺性能的化学成分是淀粉和（　　）

A．脂肪　B．维生素　C．矿物质　D．蛋白质

18．不适宜在重糖重油面团中使用的膨松剂是（　　）

A．小苏打　B．泡打粉　C．酵母　D．臭粉

19．松质糕的糕粉坯只用（　　）与米粉拌和成为粉粒状或浆糊状。

A．冷水　B．温水　C．热水　D．沸水

20．酶促褐变的原料暴露在空气中，所含的酚类物质在酶的催化下（　　）形成色素现象。

A．氧化　B．溶解　C．降解　D．水解

四、判断题（第21~30题。请将判断结果填入括号中，正确的填“√”，错误的填“×”。每题1分，共10分。）

（　　）21．职业道德规范是各种法律和政策规范。

（　　）22．西米的主要成分是蛋白质和淀粉。

（　　）23．含维生素C较多的蔬菜在烹调时不宜投放碱或小苏打。

（　　）24．烤制萝卜丝酥饼时，炉温太低会使制品不酥且硬。

（　　）25．制虾饺馅时，大虾是用刀刃剁烂成泥。

（　　）26．糖浆面坯调制好后放置时间过长，将使面坯韧性增强、可塑性减弱。

（　　）27．对包馅面点口味起决定作用的是馅心味道。

（　　）28．对燃气设备检漏时，只能使用肥皂类物质，绝对禁止使用明火试验。

（　　）29．成本毛利率的核算指对销售毛利率的核算。

（　　）30．面塑面坯可塑性最强，调配方便，储藏性能好，使用最广。

五、简答题（第31~34题。每题5分，共20分。）

31．简述厨房成本构成。

32．简述员工餐成本方面的控制。

33．简述馅心制作要求。

34．简述标准食谱制订程序。

六、论述题（第35~36题。每题15分，共30分。）

35．试述初级中式面点师的一般工作。

36．试述脂类的生理功能。

中式面点师（高级技师）理论知识模拟试卷

一、名词解释（第1~5题。每题4分，共20分。）

1. 面点创新

2. 必需氨基酸

3. 脂肪

4. 面点装饰作用

5. 色彩三要素

二、填空题（第6~15题。请将正确答案填入题内空白处。每题1分，共10分。）

6. 在厨房内，如遇高温液体烫伤，应用干净的冷水冲洗患处________分钟以上。
7. 西米是从棕榈科植物的木髓部中提取的________精制而成。
8. 面粉中的________蛋白质是点心造型的骨架。
9. 利用油脂的________，可制作有层次的点心。
10. 造成蒸制品松度不足、粘牙夹生现象的原因是________。
11. 山西素有“面食之乡”的称誉，著名的四大面食除抻面、刀削面、小刀面外，还有 ________。
12. 以水蒸气为介质的传热，其传热方式是________。
13. 调制面团时，面筋蛋白质达到最大胀润值的温度是________。
14. 由于糖具有亲水性能，调制面团加入糖时，掺水量应酌情________。
15. 在所有维生素中质量不稳定的是________，因此对含有此类维生素的原料要采用适当的加工、烹调方法。

三、单项选择题（第16~20题。请选择一个正确答案，将相应字母填入括号内。每题2分，共10分。）

16. 稀浆在面团调制中的作用是（　　）

A. 促进水分与面粉颗粒的结合　　B. 促使蛋白质吸水形成面筋

C．保湿回软　　D．使面团起硬

17．生物膨松剂不适宜做（　　）含量较多的点心品种。

A．油　　B．糖　　C．蛋　　D．油、糖

18．面点工艺中热传导、热对流、热辐射同时作用的熟制方法是（　　）

A．蒸　　B．炸　　C．煮　　D．烤

19．在食品加工中能促进水与油脂融合的添加剂是（　　）

A．防腐剂　　B．乳化剂　　C．消泡剂　　D．保鲜剂

20．制作层酥面点品种时，多选用（　　）

A．猪油　　B．玉米油　　C．橄榄油　　D．豆油

四、判断题（第21~30题。请将判断结果填入括号中，正确的填“√”，错误的填“×”。每题1分，共10分。）

（　　）21．人食用的食品中，黄曲霉毒素含量的高低与癌症发病率正相关。

（　　）22．同一规格的原料，出料率肯定相同。

（　　）23．馅心对面点的色彩没有影响。因为它一般被包在面点内部。

（　　）24．蒸制工艺中既要确保有足够的蒸汽，又不使蒸锅水冲坏坯底，因此蒸锅水以八成满为宜。

（　　）25．儿童食品多样化，可通过改变食品的感官性状，来提高进食兴趣，增进食欲。

（　　）26．吃烧烤食物时要多吃新鲜水果和蔬菜以破坏杂环胺化合物的致突变性。

（　　）27．宴席配点通常是咸味菜肴配咸点，甜味菜肴配甜点。

（　　）28．钳花就是用手指捏花的成型方法。

（　　）29．在个性方面，由于人的气质、性格等方面的不同，形成的饮食特征也不同。

（　　）30．职业道德是人们在特定的职业活动中应遵循的行为规范的总和。

五、简答题（第31~34题。每题5分，共20分。）

31．简述油脂在烹饪中的作用。

32．怎样在加工烹调过程中减少维生素的损失？

33．简述炸的操作基本要求。

34．简述面塑艺术的特点。

六、论述题（第35~36题。每题15分，共30分。）

35．试述行政总厨的岗位职责。

36．试述干佩斯的制作过程。

参考答案

中式面点师（技师）理论知识模拟试卷答案

一、名词解释（第1~5题。每题4分，共20分。）

1. 面点的立塑造型，是内在美与外在美的统一，它经过严格的艺术加工制成了一种精致的艺术形象，对食用者能产生强烈的艺术感染力。
2. 面点用围边装饰、器皿的衬托来提高点心的艺术性，达到色彩美、组合造型美、意趣美的效果。使点心既可食用，同时在盘中形成一定的图案，给人以美的视觉享受，可以最大限度地满足食客的要求。
3. 表示色所具有的亮度和暗度被称为明度。
4. 糖艺是指将砂糖、葡萄糖或饴糖等经过配比、熬制、拉糖、吹糖等造型方法加工处理，制作出具有观赏性、可食性和艺术性的独立食品或食品装饰插件的加工工艺，糖艺制品色彩丰富绚丽，质感剔透，三维效果清晰。
5. 面塑以面粉为主料，调成不同色彩，用手和简单工具，塑造出各种栩栩如生的形象。

二、填空题（第6~15题。请将正确答案填入题内空白处。每题1分，共10分。）

6．麦麸蛋白　7．物理灭火设备　8．淮扬风味　9．面粉
10．立体重型　11．支链淀粉　12．膳食纤维　13．热对流
14．蒸汽　15．重馅品种

三、单项选择题（第16~20题。请选择一个正确答案，将相应字母填入括号内。每题2分，共10分。）

16．B　17．D　18．C　19．A　20．A

四、判断题（第21~30题。请将判断结果填入括号中，正确的填“√”，错误的填“×”。每题1分，共10分。）

21．×　22．×　23．√　24．√　25．×　26．√　27．√　28．√　29．×　30．√

五、简答题（第31~34题。每题5分，共20分。）

31. 答：厨房成本指需要支出的原料、水电、燃气、人员等费用。原材料成本占餐饮比例最高，比重最大，原材料包括调味料、干货、肉类、水产、蔬菜瓜果及其他用料，一般会占40%以上。人工成本占20%，水电费占10%，燃气费占10%，另外还有一些其他费用包括管理费占20%。

32. 答：1）厨房首先拟定员工餐菜谱，控制菜品出品质量，就餐标准。

2）库管设定员工餐的档口，进行收、发、存的入库和出库业务。

3）店面设定专门管理人员提前一天上报员工人数。

4）厨房按员工就餐人数向供货商订货，按员工餐标准进行当天的核算，统一餐饮业员工餐标准，避免不必要的原材料成本的浪费。

5）每月底最后一天进行员工餐档口明细盘点。

33. 答：1）馅心的水分和黏性要合适。

2）馅料细碎。

3）馅心口味稍淡。

4）根据面点成型特点制作馅心。

34. 答：1）确定主配料分量。

2）规定调味料品种，试验确定每份用量。

3）根据主料、配料、调味料用量，计算成本、毛利及售价。

4）规定加工制作步骤。

5）选定盛器，落实盘饰用料及式样。

6）确定餐前服务方式和要求。

7）拍摄配备出品彩照。

8）填制标准食谱。

六、论述题（第35~36题。每题15分，共30分。）

35. 1）水调面品种制作。面坯调制，能对冷水面坯配料，能对温水面坯配料，能调制冷水面坯，能调制温水面坯；生坯成型，能制作饺子皮、馄饨皮、烧卖皮、面条；产品成熟，用煮、烙、炸方法使生坯成熟。

2）膨松面品种制作。面坯调制，能调制生物膨松面团；生坯成型，能制作生物膨松无馅品种；产品成熟，使无馅品种成熟。

3）米制品制作。米水配置，饭粥熟制。

4）杂粮品种制作。生坯成型，玉米面、小米面类生坯成型；产品成熟，对生坯熟制。

36. 1）供给和储存热能。每克脂肪在体内氧化可释放出约 38 千焦的热量，比相同质量的碳水化合物或蛋白质的供热量大一倍多。脂肪储存占有空间小，能量却比较大，所以储存脂肪是储备能量的一种方式。人类从食物中获得的脂肪，一部分储存在体内，当人体的能量消耗多于摄入时，就动用储存的脂肪来补充热能。当人处于饥饿状态或手术后禁食期有 50%~85%的能量来源于储存的脂肪氧化。冬眠动物和骆驼也都是靠储存脂肪来维持其生存的。

2）构成身体组织。脂肪是构成人体细胞的主要成分，如类脂中的磷脂、糖脂和胆固醇是组成人体细胞膜类脂层的基本原料。

3）维持体温、保护脏器。脂肪是热的不良导体，分布在皮下的脂肪具有减少体内热量过度散失和防止外界辐射热侵入的作用，对维持人的正常体温和御寒起着重要作用。分布在器官、关节和神经组织等周围的脂肪组织，既对重要脏器起固定支撑和保护作用，又犹如软垫起到使内脏免受外力撞击、防止震动和摩擦损伤。

4）促进脂溶性维生素的吸收。脂肪是脂溶性维生素的良好溶剂。 维生素 A、维生素 D、维生素 K、维生素 E 及 β－胡萝卜素均能溶于脂肪而不溶于水，这些维生素随着脂肪的吸收而同时被吸收，当膳食中脂肪缺乏或发生吸收障碍时，体内脂溶性维生素就会因此而缺乏。

5）供给必需脂肪酸、调节生理功能。必需脂肪酸是细胞的重要组成物质，在体内具有多种调节人体生理功能的作用，它能促进人体发育；维持皮肤和毛细血管的健康；减轻放射线照射所造成的皮肤损伤；可辅助降低血胆固醇和减少血小板粘附性作用，防止血栓形成，有助于预防冠状动脉粥样硬化性心脏病等。

6）提高食品的饱腹感和美味。脂肪饮食在胃中的停留会产生饱腹感，脂肪还有润肠作用，烹调食物时加入脂肪，可以改善食品的味道，增加食欲。

中式面点师（高级技师）理论知识模拟试卷答案

一、名词解释（第1~5题。每题4分，共20分。）

1. 面点创新指在面点生产过程中，使用了新原料、新方法、新工艺、新工具等创造出了与原有面点品种有着不一样风味特征的具体面点品种。
2. 必需氨基酸指的是人体自身不能合成或合成速度不能满足人体需要，必须从食物中摄取的氨基酸。
3. 脂肪是甘油和三分子脂肪酸合成的甘油三酯。
4. 面点通过围边装饰、器皿的衬托来提高点心的艺术性，达到色彩美、组合造型美、意趣美的效果。

5．色彩三要素是色相、纯度和明度。

二、填空题（第6~15题。请将正确答案填入题内空白处。每题1分，共10分。）

6．10　7．淀粉　8．面筋　9．疏水性　10．蒸汽压力小

11．拨鱼面　12．热对流　13．30℃　14．减少　15．维生素C

三、单项选择题（第16~20题。请选择一个正确答案，将相应字母填入括号内。每题2分，共10分。）

16．B　17．B　18．D　19．B　20．A

四、判断题（第21~30题。请将判断结果填入括号中，正确的填“√”，错误的填“×”。每题1分，共10分。）

21．√　22．×　23．×　24．√　25．√　26．√　27．√　28．×　29．√　30．√

五、简答题（第31~34题。每题5分，共20分。）

31．答：1）促使菜品产生特殊的香味。

2）促使菜肴形成特殊的质地、口感。

3）促使菜品形成较好的色泽及光亮度。

4）隔热保温作用。

5）杀菌消毒作用。

32．答：1）以水为传热介质加热食物，一般多用中火或小火。

2）以油为传热介质加热物料，一般多用旺火。因油的沸点高，对食物表面的干燥和凝固作用很强。

3）以蒸汽为传热介质的方法主要用旺火。

33．答：1）用于炸的原料，一般含水量不宜过高。

2）炸的原料在炸前，需要进行烹前调味。

3）用于炸的油量一般比较大。

4）食用油的比热容较小，易于升温，故炸时要注意安全。

5）炸制品香味浓郁，需要现炸现食。放置凉了味道必然没有热的好吃。

34．答：1）颜色丰富、造型优美。

2）体积较小、便于携带。

3）材料便宜，制作成本比较低廉。

六、论述题（第35~36题。每题15分，共30分。）

35. 1）根据各餐厅的特点和要求，制订各餐厅的菜单和厨房菜谱。

2）制订各厨房的操作规程及岗位责任制，确保厨房工作正常进行。

3）根据各厨房原料使用情况和库房存货数量，制订原料订购计划，控制原料进货质量。

4）负责签批原料出库单及填写厨房原料使用报表，确保合理使用原料，控制菜点的装盘、规格和数量，把好质量关，减少损耗，降低成本。

5）巡视检查各厨房工作情况，合理安排厨师，统筹各个工作环节。

6）检查各厨房设备运转情况和厨具、用具的使用情况，制订订购计划。

7）根据不同季节和重大节日、组织特色食品节、推出季节性菜点、增加品种、促进销售。

8）听取客人意见，了解菜点销售情况，不断改进提高食品质量。

9）每日检查厨房卫生，把好食品卫生关，贯彻食品卫生法规和厨房卫生制度。

10）定期实施和开展厨师技术培训，对厨师技术水平进行考核、评估。

36. **原料**（制作 500 克干佩斯）

冷水 25 克，原味明胶粉 10 克，糖粉 500 克，羧甲基纤维素 25 克，塔塔粉 5 克，液体葡萄糖 10 克，植物白油 15 克，鸡蛋清 1 个。

制法

1）在小碗中混合冷水和明胶粉，静置 30 分钟。等待的同时，将糖粉过筛，与增稠剂混合，放入大功率食品搅拌器中。

2）煮锅里加入热水，将装有明胶溶液的小碗置于热水中隔水加热，并不停搅拌，直至明胶粉完全溶解。将量匙在热水中加热一下，取液体葡萄糖加入明胶溶液中。再加入植物白油充分搅拌均匀。继续隔水加热混合溶液，直至所有材料充分溶解。

3）将混合好的溶液倒入步骤 1 的糖粉混合物中，并加入一个新鲜的鸡蛋清。用搅拌机低速搅打使所有材料混合均匀。逐渐加快搅拌速度直至最高速，继续搅打直至混合物成白色黏稠状面团。

4）将面团从容器中取出，放置在干净的不粘板上，揉搓成表面光滑的圆球状面团。将白油（另取）均匀轻柔地涂在面团表面。涂了白油的干佩斯表面不会变干，从而不会在后续的使用中出现干佩斯中混入因表面变干而留下的硬壳碎屑。将干佩斯用塑料食品袋装好，并放入保鲜盒中存放待用。

参考文献

[1] 陈忠明. 面点工艺学 [M]. 北京：中国纺织出版社，2008.

[2] 周晓燕. 烹调工艺学 [M]. 北京：中国纺织出版社，2008.

[3] 丁应林. 宴会设计与管理 [M]. 北京：中国纺织出版社，2008.

[4] 周明扬. 烹饪工艺美术 [M]. 北京：中国纺织出版社，2008.

[5] 嵇步峰. 中国名菜 [M]. 北京：中国纺织出版社，2008.

[6] 朱在勤. 中国名点 [M]. 北京：中国纺织出版社，2008.

[7] 彭景. 烹饪营养学 [M]. 北京：中国纺织出版社，2008.

[8] 张建军，陈正荣. 饭店厨房的设计和运作 [M]. 北京：中国轻工业出版社，2006.